图解 茶树 高效栽培与病虫害防治

杨如兴 ◎ 主编

TUJIE CHASHU
GAOXIAO ZAIPEI YU BINGCHONGHAI FANGZHI

U0380621

中国农业出版社
农村读物出版社
北 京

图书在版编目（CIP）数据

图解茶树高效栽培与病虫害防治/杨如兴主编. —北京：中国农业出版社，2022.10（2024.7重印）
ISBN 978-7-109-29844-6

Ⅰ.①图… Ⅱ.①杨… Ⅲ.①茶树-高产栽培-图解②茶树-病虫害防治-图解 Ⅳ.①S571.1-64②S435.711-64

中国版本图书馆CIP数据核字(2022)第149499号

中国农业出版社出版
地址：北京市朝阳区麦子店街18号楼
邮编：100125
责任编辑：李　瑜　王琦瑢
责任校对：沙凯霖　责任印制：王　宏
印刷：中农印务有限公司
版次：2022年10月第1版
印次：2024年7月北京第2次印刷
发行：新华书店北京发行所
开本：880mm×1230mm　1/32
印张：4.25
字数：110千字
定价：39.00元

本书编审人员

主　编　杨如兴

副主编　吴志丹　刘丰静

参　编（按姓氏拼音排序）

　　　　陈芝芝　梁子钧　邬龄盛　杨　军

　　　　叶乃兴　游小妹　俞　滢　张　磊

审　稿　叶乃兴

前言

"中国是茶的故乡。茶叶深深融入中国人生活，成为传承中华文化的重要载体。"茶产业是中国农村的传统支柱产业，目前全国共有茶园 326.41 万公顷，产量 306.32 万吨，产值 2 928.14 亿元，茶农 3 100 万～3 500 万人，直接带动 6 000 万人就业，正是"一片叶子，富了一方百姓"的真实写照。为了贯彻落实习近平总书记"要统筹做好茶文化、茶产业、茶科技这篇大文章"的重要讲话精神，把茶产业从过去脱贫攻坚的支柱产业，转变成为今后乡村振兴的支柱产业，2021 年，农业农村部、国家市场监督管理总局、中华全国供销合作总社正式出台《关于促进茶产业健康发展的指导意见》。各地积极响应，认真筹谋。科技兴茶、绿色兴茶、质量兴茶、品牌兴茶、文化兴茶再次成为热点。

本书突出科技引领作用，以图解的形式，图文并茂地介绍了茶树品种资源保护、特异资源和有代表性的主要栽培品种，还包含茶树良种繁育、高标准茶园建设、茶园土壤管理、茶树树冠管理、茶园主要病虫害及综合防治、茶叶中农药最大残留限量、茶园禁用农药目录等内容，顺应了乡村振兴产业富民的技术需要。本书通过大量图片更直观地指导茶叶生产，是集科研性、指导性、实用性为一体的科技书籍，也是一本可读性很强的出版物。

本书的编写过程中，得到了中国农业科学院茶叶研究所邬志祥高级农艺师、云南省农业科学院茶叶研究所刘本英研究员、广东省农业科学院茶叶研究所唐劲驰研究员和李家贤研究员、贵州省农业科学院茶叶研究所王家伦研究员、广西壮族自治区农业科学院茶叶研究所庞月兰高级农艺师、湖南省茶叶研究所刘振研究员、福建农林大学叶乃兴教授和福建武夷星茶业有限公司曹士先高级工程师等有关专家的热心帮助和指导，在此谨表谢意！同时也感谢福建省科学技术协会"福建省优秀科普教育基地"项目的资助。

由于编者水平有限，且编写时间仓促，未能征集更多、更具代表性的茶树高效栽培与病虫害防治相关内容和照片，因此，书中难免有疏漏和不当之处，敬请广大读者、同仁批评指正。

编　者

2022 年春于福建福州

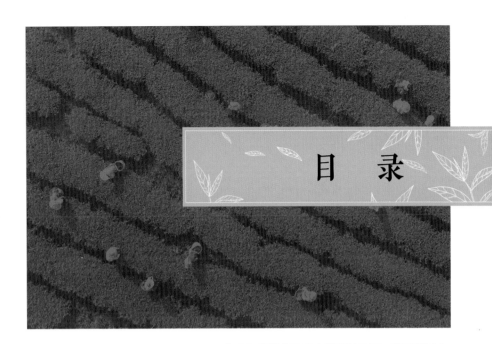

目　录

前言

第一章　茶树品种资源与利用

3

附录

第一章 茶树品种资源与利用

第一节 茶树种质资源保护

世界各国十分重视农作物种质资源的收集保护，农作物种质资源是保障国家粮食安全、生物产业发展和生态文明建设的关键性战略资源。未来人类解决食物、能源和环境的危机，均依赖于对种质资源的占有。农作物种质资源越丰富，基因开发潜力越大，生物产业的竞争力就越强。农作物种质资源的生物多样性（遗传多样性）保护主要有迁地保护与就地保护两种形式。迁地保护通常包括植物园引种收集的栽培园（区）、农作物种质资源库（圃）和野生植物种子库等，广义上也涵盖植物离体组织培养保存库及各类植物DNA库等。就地保护则是在原生境中建立自然保护区，对濒危动植物实施多样性保护，它与迁地保护相辅相成、互为补充。为了查清我国农作物种质资源的家底，我国分别于1956—1957年和1979—1983年完成了两次全国性的农作物种质资源普查、收集与保护工作。2015年起，农业部又组织开展了第三次全国农作物种质资源普查与收集行动，目前各项工作进展顺利。通过对具有重要潜在利用价值、携带重要基因的种质资源抢救性收集、妥善保护，进一步丰富我国农作物种质资源的收集保护数量和基因库，对未来我国生物产业的发展和国际竞争力的提升意义重大。

中国是茶树[*Camellia sinensis* (L.) O.Kuntze]的原产地和起源中心，我国茶树种质资源的种类、数量、多样性和独特性在世界上均居首位。早在20世纪30年代，特别是20世纪50年代以来，我国茶叶科技工作者就对茶树种质资源进行了全面考察、广泛搜集、妥善保护和系统研究。以迁地保护的形式，在浙江杭州和云南勐海建立了两个国家级茶树种质圃，在广东、福建、贵州、湖南、浙江、广西等地建立了地方茶树种质资源圃，有效地保护了茶树生物多样性和优良基因，为高优茶树品种筛选和创新利用奠定了坚实基础；以就地保护形式建立了茶树原生种质保护区，保护了如云南省镇沅县千家寨野生古茶树群落、南糯山栽培型古茶树、凤庆锦绣茶王、冰岛村古茶园和广东省潮安区凤凰山宋种单丛茶及福建省蕉城区虎贝野生苦茶、永泰县梧桐镇野生茶、云霄大帽山野生茶等我国茶树种质资源。本章主要介绍杭州、勐海、广东、福建等茶树种质资源圃迁地保护和镇沅县千家寨野生古茶树群落、福建省蕉城区虎贝野生苦茶群落等就地保护情况。

一、茶树种质资源圃迁地保护

（一）国家种质杭州茶树圃

1987年，国家科技攻关子专题"茶树资源圃的建立及保存技术研究"立项，1988年4月在中国农业科学院茶叶研究所生产基地（浙江杭州）开工建设，1990年春开始入圃保存茶树种质资源，同年11月由农业部主持授牌为"国家种质杭州茶树圃"（图1-1）。建圃以来，累计保存茶树种质资源3 000多份，按种质类型可分为野生种、地方品种、选育品种和各类遗传材料，包括山茶科山茶属

图1-1　国家种质杭州茶树圃（郐志祥　摄）

茶组植物的厚轴茶、大厂茶、大理茶、秃房茶和茶等5个种及白毛茶和阿萨姆茶等2个变种及山茶属近缘植物，保存的种和变种以及非茶组植物种类数量居世界第一，也是全球茶组植物遗传多样性涵盖量最大、种质资源最丰富的基因库。

（二）国家种质大叶茶树资源圃（勐海）

国家种质大叶茶树资源圃（勐海）于1983年始建，前身为"国家种质勐海茶树分圃"，2012年由农业部主持授牌为"国家种质大叶茶树资源圃（勐海）"，2014年进行改扩建（图1-2）。该圃分观察鉴定区、自然生长区和新圃区，主要保存云南野生大茶树及大叶种茶树种质资源。截至2020年底，已收集保存中国、越南、老挝、缅甸、日本、肯尼亚和格鲁吉亚7国茶组植物25个种3个变种（张氏分类系统）共3 485份种质资源（含创新种质资源1 537份），是世界最大的大叶茶资源活体保存基地和世界茶树资源基因库的重要基地。（刘本英 供稿）

图1-2 国家种质大叶茶树资源圃（勐海）（刘本英 提供）

（三）茶树种质资源圃华南分圃

茶树种质资源圃华南分圃（广东广州）于1959年始建，2001年由中国农业科学院茶叶研究所授牌为"中国农业科学院茶叶研究所茶树种质资源圃华南分圃"，2005年广东省科学技术厅和广州市科学技术局授牌加挂"广东省茶树种质资源库"（图1-3）。

目前已收集保存中国、印度、斯里兰卡、肯尼亚、老挝、日本、韩国、格鲁吉亚等产茶国种质资源和高咖啡碱、高花青素、高叶绿素、高茶氨酸、高苦茶碱、高儿茶素以及无咖啡碱等特色茶树种质资源2 000多份（图1-4，图1-5），是华南地区规模最大、种类最齐全的茶树活体基因库。（唐劲驰 供稿）

图1-3 中国农业科学院茶叶研究所茶树种质资源圃华南分圃（唐劲驰 提供）

| 可可茶2号 | 奇兰2号 | 粤茗5号 | 丹妃 | 苦茶6号 |
| （无咖啡碱） | （高儿茶素） | （高茶氨酸） | （高花青素） | （高苦茶碱） |

图1-4 代表性特异功能型茶树新品种（系）

英红9号	丹霞1号	杏红1号	粤茗1号	粤茗2号
（甜香红茶）	（玫瑰香红茶）	（杏仁香红茶）	（麝香红茶）	（薄荷香红茶）

粤茗4号	鸿雁12号	乌叶单丛	丹霞8号	丹霞9号
（花香红茶）	（花果香乌龙茶）	（栀子花香单丛）	（兰香白茶）	（奶香白茶）

图1-5 代表性优异高香型茶树新品种（系）

（四）福建省茶种质资源圃

福建省茶种质资源圃（福建福安）于1957年始建，是我国最早建立、福建最大的茶树品种资源圃（图1-6）。2021年该圃被福建省农业农村厅确定为省级作物种质资源保护单位。该圃由福建省农业科学院茶叶研究所茶树品种资源圃、福建省乌龙茶种质资源圃和福建原生茶树种质资源圃组成，共收集保存国内外茶树种质资源（含育种材料）4 000多份，其中保存福建、广东、台湾乌龙茶品种资源和杂交种质材料1 000多个，已成为世界乌龙茶种质资源的保存中心。

图1-6 福建省茶种质资源圃（杨如兴 摄）

（五）贵州省茶树种质资源圃

贵州省茶树种质资源圃（贵州贵阳和湄潭）于2020年12月被贵州省农业农村厅确定为贵州省农作物种质资源保护单位（图1-7，图1-8）。该圃共收集保存国内外茶树种质资源3 263份，其中包括贵州地方茶树资源1 863份、外省茶树资源268份、国外茶树资源8份，金花茶资源9份、油茶资源12份、苦丁茶资源3份和杂交创新材料1 100份。（王家伦　供稿）

图1-7　贵州省茶树种质资源圃
贵阳圃（王家伦　提供）

图1-8　贵州省茶树种质资源圃
湄潭圃（王家伦　提供）

（六）湖南省茶叶研究所茶树种质资源圃

湖南省茶叶研究所茶树种质资源圃（湖南长沙）于1972年始建（图1-9），共收集保存国外、省外和湖南黄金茶群体、江华苦茶群体、汝城白毛茶群体、峒茶群体、云台山大叶种、桂东大叶

图1-9　湖南省茶叶研究所茶树资源圃（刘振　提供）

苦茶、茶陵苦茶等茶树种质资源1 735份，其中包括山茶科山茶属茶组植物的大厂茶、大理茶、茶3个种和白毛茶、阿萨姆茶2个变种及山茶属近缘植物种质资源，是中南地区规模最大的茶树种质资源圃。（刘振　供稿）

（七）浙江省茶树种质资源圃

浙江省茶树种质资源圃（浙江松阳）于2020年由浙江省种子管理总站和丽水市农林科学研究院共同建设，收集保存了日本、印度等东亚、南亚地区主要产茶国和国内茶树种质资源2 400多份，其中国外茶树品种167份，浙江省外茶树品种资源1 100余份，省内茶树种质资源（含品种、品系）846份。已成为适制绿茶类种质资源最为丰富的茶树种质资源圃。

（八）广西茶叶科学研究所茶树种质资源圃

广西茶叶科学研究所茶树种质资源圃（广西桂林）于20世纪80年代始建，面积约4公顷（图1-10）。收集保存国内外茶树种质资源1 000多份，其中珍稀茶树资源5份。建有茶叶标本贮藏室1个，收藏广西茶树种质资源蜡叶标本378份。（庞月兰　供稿）

图1-10　广西茶叶科学研究所茶树种质资源圃（庞月兰　提供）

（九）武夷星茶树种质资源圃

武夷星茶树种质资源圃（福建武夷山）于2009年始建，面积约4公顷（图1-11）。收集保存国内外茶树品种、珍稀名丛和杂交育种材料3 240余份。（曹士先　供稿）

图 1-11　武夷星茶树种质资源圃（曹士先　摄）

二、野生古茶树群落就地保护

（一）云南省镇沅县千家寨野生古茶树群落

千家寨野生古茶树群落是以茶树为优势树种的植物群落，主要分布在以北纬24°7′、东经101°14′为中心，海拔 2 100～2 500 米

图 1-12　千家寨 1 号古茶树　　　　图 1-13　千家寨 3 号古茶树
　　（杨如兴　摄）　　　　　　　　　（杨如兴　摄）

的云南省镇沅县哀牢山国家级自然保护区的原始森林中。千家寨野生古茶树是国家二级保护植物，代表性单株有千家寨1号古茶树（图1-12）、千家寨2号古茶树和千家寨3号古茶树（图1-13）。其中，千家寨1号古茶树所在地海拔2 450米，乔木型，树高达25.6米，树幅22米×20米，基部干径1.12米，胸径0.87米，树龄2 700多年，2001年荣获上海"大世界吉尼斯"之最，认证为"最大的古茶树"，是世界茶树王。

（二）福建省蕉城野生苦茶群落

蕉城野生苦茶群落（保护编号闽JY009）位于蕉城区虎贝乡尼姑坪，地处北纬26°50′、东经119°12′，海拔400～750米，代表性单株有蕉城野生苦茶1号（图1-14）、蕉城野生苦茶2号（图1-15）。其中，蕉城野生苦茶1号所在地海拔450米，乔木型，树姿直立，树高超过6米，为砍伐后再生植株，老桩基部茎围

图1-14　蕉城野生苦茶1号
（杨如兴　摄）

图1-15　蕉城野生苦茶2号
（杨如兴　摄）

1.53 米；叶片平均长度12.71厘米、宽4.35厘米，长宽比2.92，为大叶类，长椭圆形，叶尖渐尖或锐尖，叶面光滑，叶色绿，叶质厚较硬脆；春梢芽叶黄绿色，茸毛少；花瓣白色，花冠大小3.3厘米×3.1厘米，花萼5片，花瓣5～7瓣；柱头3～4裂，子房3室居多，结实率低。据测试，蕉城野生苦茶1号含苦茶碱（25.0±0.06）克/千克，味苦，品质风味独特，是高苦茶碱特异茶树种质资源。

（三）福建省永泰县梧桐野生茶树群落

永泰县梧桐野生茶树群落主要分布在北纬25°74′、东经118°69′、海拔700～1 000米的南门村一带原始或次生阔叶林中，绝大部分植株为伐后重新生长（图1-16）。梧桐野生茶呈乔木或小乔木，树高5米以上，高者达12米，基部直径26厘米，老桩最大直径达82厘米；叶片大，最大叶长19.5厘米、宽8.5厘米，属中大叶类型，呈椭圆形居多，叶尖渐尖或锐尖，叶基楔形，叶面隆起

图1-16　永泰县梧桐野生茶树群落（杨如兴　摄）

或微隆，叶身上斜状着生；芽叶茸毛少，叶色绿；花冠中等，直径大者达3.5厘米，花瓣6～10瓣，柱状3～4裂；果少。

三、有性系地方茶树品种资源就地保护

（一）坦洋菜茶

坦洋菜茶（*C. sinensis* Tanyang-caicha）原产福建省福安市社口镇坦洋村一带，栽培历史悠久，现主要分布在福建东部茶区（图1-17）。2008年获福建省认定并保护，编号闽JQ003。有性系，灌木型，中叶类，中生种。植株中等，树姿半开展，分枝较密。一芽三叶盛期在4月中旬。芽叶生育力较强，持嫩性较强，芽叶淡绿或紫绿色，茸毛较少。叶椭圆形或长椭圆形，叶色深绿或绿，叶质较厚脆，叶面隆或微隆起，叶尖渐尖。一芽三叶百芽重约61.5克，产量较高。适制红茶、绿茶。制红茶条索紧结细秀，色泽乌润，香气清高鲜爽，滋味醇和甘甜。扦插繁殖力强，种植成活率高，抗性强。20世纪50年代后，四川、江苏、湖北和湖南等省有较大面积引种。1962—1965年引种到马里。

图1-17 坦洋菜茶（杨如兴 摄）

（二）天山菜茶

天山菜茶（*C. sinensis* Tianshan-caicha）原产于福建省宁德市蕉城区洋中乡天山一带，栽培历史悠久（图1-18）。2008年获福

建省认定并保护，编号闽JQ004。有性系，灌木型，中叶类，早、中生种，树姿半开张，叶椭圆形或长椭圆形，叶面微隆起或隆起，叶尖渐尖，叶缘微波，叶色绿，抗逆性强。产量较高，适制绿茶、红茶，是福建省历史名茶——天山绿茶的优质原料。扦插繁殖力强，种植成活率高，抗性强。适宜在闽东、闽北红绿茶区推广种植。

图1-18　天山菜茶（杨如兴　摄）

（三）武夷菜茶

武夷菜茶（*C. sinensis* Wuyi-caicha）原产福建省武夷山一带，栽培历史悠久（图1-19）。2008年获福建省认定并保护，编号闽HQ003。有性系，灌木型，中叶类，中生种。植株中等，树姿半开展或开张，分枝较密。一芽三叶盛期在4月中旬。芽叶生

图1-19　武夷菜茶（杨如兴　摄）

育力较强，发芽较密，持嫩性较强，芽叶淡绿或紫绿色，茸毛较少。叶椭圆形或长椭圆形，叶色深绿或绿，叶质较厚脆，叶面隆起或微隆起，叶尖钝尖或渐尖。一芽三叶百芽重50.0克，产量中等。适制红茶、乌龙茶。制乌龙茶香气清高鲜爽，滋味浓厚甘鲜。抗旱性与抗寒性强。适宜在福建北部乌龙茶茶区推广种植。

（四）官思菜茶

官思菜茶（*C. sinensis* Guansi-caicha）原产于福建省周宁县浦源镇官思村，栽培历史悠久（图1-20）。2008年获福建省认定并保护，编号闽JQ005。有性系，灌木或小乔木型，中小叶或大叶类，中生或晚生种。植株中等，树姿较直立或半开展，分枝中等。一芽三叶盛期在4月中旬至5月上旬。芽叶生育力较强，持嫩性较强，芽叶淡绿、绿色或紫绿色，茸毛中等或较少。叶椭圆形或长椭圆形，叶色深绿或绿，叶质较厚脆，叶面隆、微隆或强隆起，叶尖渐尖或钝尖。一芽三叶百芽重约60克，产量中等。适制红茶、绿茶。制红茶条索紧结细秀，色乌润，香气清长鲜爽，滋味醇和甘爽。制绿茶条索紧细，色银灰绿，香气高爽持久，滋味香甘醇厚，汤色绿，清澈透亮。抗性强。适宜在福建绿茶茶区推广种植。

图1-20 官思菜茶（杨如兴 摄）

（五）九龙菜茶

九龙菜茶（*C. sinensis* Jiulong-caicha）原产于四川省甘孜州九龙县魁多镇海拔2 200～2 800米的里伍村，有300年以上栽培历史（图1-21）。有性系，灌木或小乔木型，中叶类，中生种。植株较高大，树姿较直立，分枝较密。一芽三叶盛期在4月中旬。芽叶生育力较强，持嫩性较强，芽叶淡绿或紫绿色，茸毛较少。叶椭圆形或长椭圆形，叶色绿色，叶质较厚脆，叶面隆或微隆起，叶稍上斜状着生，叶尖渐尖。一芽三叶百芽重75.6克，产量较高。花冠直径3.3厘米，花瓣6～7瓣，花柱3裂，裂位中等，雌高；结实率中等，果实球形、肾形或三角形。制绿茶条索紧细，色灰绿，香气清高持久，滋味鲜甜醇厚，耐冲泡，汤色绿透亮。抗性强。适宜在九龙藏区茶区推广种植。

图1-21　九龙菜茶（杨如兴　摄）

第二节　茶树特异种质资源

中国是茶的故乡，茶树品种资源十分丰富。从其特征特性分：有乔木、小乔木和灌木类型；有大叶类、中叶类和小叶类型；有芽叶绿色、黄色、玉白色和紫色等类型；有特早生、早生、中生和晚生品种。此外，还有一些特异（内含成分、芽叶色泽等）珍稀或古老品种。以下对高茶多酚、高可可碱、高氨基酸、高花青素、高咖啡碱、高苦茶碱和芽叶性状、芽叶色泽等特异的代表性茶树种质资源做简要介绍。

一、成分特异茶树种质资源

（一）高茶多酚茶树品种

英红1号（*C. sinensis* Yinghong 1），由广东省农业科学院茶叶研究所从阿萨姆种中采用单株育种法育成（图1-22）。1987年认定为国家品种，编号GS13017—1987。无性系，乔木型，大叶类，早生种。植株高大，树姿开张，主干明显，分枝密度中等，叶片水平或上斜状着生。叶椭圆形，叶色深绿、富光泽，叶面隆起，叶身平，叶缘波状，叶尖渐尖，叶齿锐深，叶质厚软。芽叶黄绿色，茸毛中等，一芽三叶百芽重134.0克。花冠直径3.0厘米，花瓣7瓣，子房茸毛中等，花柱3裂。芽叶生育力和持嫩性强。一芽三叶盛期在3月下旬至4月上旬。产量高，亩*产干茶150千克。1980年春茶一芽二叶干样约含氨基酸2.2%、茶多酚42.2%、儿茶素总量25.0%，是高茶多酚茶树品种。适制红茶。制红碎茶，颗粒匀整，色泽乌润，香气高锐，滋味浓鲜爽口，汤色红艳。幼龄期

---

*亩为非法定计量单位，1亩=1/15公顷≈667米^2。——编者注

抗寒性弱，能适应-3℃左右的低温。扦插繁殖力较强。适合在华南和西南部分红茶茶区种植。

图1-22　英红1号（李家贤　提供）

（二）**高可可碱茶树品种**

可可茶1号（*C. sinensis* Kekecha 1）和可可茶2号（*C. sinensis* Kekecha 2）是由中山大学和广东省农业科学院茶叶研究所联合育

图1-23　可可茶2号（唐劲驰　提供）

成的无性系茶树品种（图1-23），德高信公司拥有其专属植物新品种权。可可茶植株高大，有明显的主干，分枝较密，树势半开张。嫩枝有浅黄色短茸毛，顶芽细锥形。叶大，稍上斜，呈长椭圆形，叶尖钝尖，叶基楔形，叶色深绿色，叶面隆起，叶缘波状，锯齿较浅。芽叶绿或黄绿，茸毛多。子房1～3室，密披浅黄色茸毛，每室种子1～2粒。芽叶含可可碱，不含咖啡碱。产量较高，亩产干茶150千克左右。其中，可可茶1号适制乌龙茶、绿茶和红茶，可可茶2号适制红茶。

（三）高氨基酸茶树品种

我国高氨基酸茶树品种资源较多，主要有保靖黄金茶（*C. sinensis* Baojinghuangjincha）、黄金芽（*C. sinensis* huangjinya）、白叶1号（*C. sinensis* Baiye 1）、中白1号（*C. sinensis* Zhongbai 1）、中黄1号（*C. sinensis* Zhonghuang 1）、景白1号（*C. sinensis* Jingbai 1）、郁金香（*C. sinensis* Yujinxiang）等品种，现以保靖黄金茶和白叶1号为例，介绍如下。

1. 保靖黄金茶（*C. sinensis* Baojinghuangjincha）　由湖南省茶叶研究所和保靖县农业农村局从保靖黄金茶群体中采用单株育种法育成（图1-24）。保靖黄金茶1号于2010年通过湖南省农作物品种审定委员会审定，编号为XPD005-2012（图1-25）。无性系、灌木型、中叶类，特早生种。树姿半开展，叶片呈半上斜着生，叶长椭圆

图1-24　湖南保靖黄金茶
（杨如兴　摄）

图1-25　湖南保靖黄金茶1号
（刘振　提供）

形，叶面隆起，叶身稍内折，叶质厚脆，叶尖渐尖。育芽能力强，发芽密且整齐，持嫩性强。保靖黄金茶春梢一芽二叶干样含氨基酸5.8%，是高氨基酸茶树品种。适制绿茶。制绿茶香气浓郁、高锐持久，滋味甘醇清爽，汤色翠绿透亮，叶底黄绿明亮。抗寒、抗旱性较强，抗病虫性较强。适宜在湖南茶区种植。

2. 白叶1号（*C. sinensis* Baiye 1）　又名安吉白茶（图1-26）。原产于浙江省湖州市安吉县，是一种珍稀罕见的白化变异茶树品种，白化期通常1个月左右，属于低温敏感型白化茶树品种，温度敏感阈值约在23℃。清明前萌发的嫩芽呈玉白色，谷雨后逐渐转为白绿相间的"花叶"，夏至后芽叶转为绿色。1998年被认定为省级良种，编号浙品认字第235号。无性系、灌木型、中叶类、中生种。植株较矮小，树姿半开展，叶片呈水平或上斜着生，叶长椭圆形，叶面平，叶身稍内折，叶质较薄软，叶尖渐尖。育芽能力中等，发芽密度中等，持嫩性强。适制绿茶。制绿茶干茶外形色泽金黄，芽锋挺直，香气芬芳，汤色鹅黄，滋味鲜爽，浓醇甘甜，回味悠长。白叶1号氨基酸含量6.19%～6.92%，滋味特别鲜爽。抗寒、抗旱性较弱。适宜在江南茶区种植。

图1-26　安吉白茶　（游小妹　摄）

（四）高花青素茶树品种

花青素是一种生物类黄酮物质，具有抗氧化和清除自由基等生理功能。通俗来讲，花青素具有防衰老、抗过敏、抑制癌变、改善视力、预防神经和心血管疾病等功效。

1. 紫娟（*C. sinensis* Zijuan） 原产于云南省勐海县（图1-27）。2005年被国家林业局植物新品种保护办公室授权保护，品种权号为20050031。无性系，小乔木型，大叶类，中芽种。树姿半开展，主干枝较粗壮，分枝部位较高，分枝密度中等，叶片呈上斜着生、柳叶形，叶尖渐尖，色紫色。叶柄呈紫红色。育芽力强，发芽密度中等，嫩梢芽、叶、茎都为紫色，为珍稀茶树种质和园林观赏植物。花萼5片，花瓣5～6瓣，花柱3裂，雌雄蕊等高，基部连生，子房茸毛多。果球形或肾形。紫娟茶花青素含量高，富含天竺葵素、矢车菊素、飞燕草色素、芍药色素和锦葵色素等。适制绿茶。制烘青绿茶，汤色紫，香气纯正，滋味浓强。抗寒、抗旱性强，适宜在全国茶区推广种植。

图1-27 紫娟（杨如兴 摄）

2. 紫嫣（*C. sinensis* Ziyan） 原产于四川省乐山市沐川县，由四川农业大学与四川一枝春茶业有限公司合作，采用单株选育法育成，因花青素含量高，其嫩梢和茶汤均为紫色而得名（图1-28）。2017年获农业部植物新品种权证书，品种权号CNA20210455。2018年通过国家非主要农作物品种登记，编号GPD茶树（2018）

510007。无性系，灌木型，中叶类，晚生种，新梢芽、叶、茎均呈紫色。春季一芽二叶茶多酚、氨基酸、咖啡碱、水浸出物和花青素含量分别为20.36%、4.41%、3.98%、45.49%和2.73%。适制绿茶。制烘青绿茶，色青黛，汤色蓝紫清澈，有嫩香、蜜糖香，滋味浓厚尚回甘，叶底色靛青，风味特征明显，已在沐川县重点推广种植。

图1-28 紫嫣（杨如兴 摄）

（五）高咖啡碱茶树品种资源

汤川苦茶（*C. sinensis* Tangchuankucha） 分布在福建省尤溪县汤川乡赤墓村、光明村、丘山村等地，距今已有200多年栽培生产历史

图1-29 汤川苦茶（杨如兴 摄）

（图1-29）。位于北纬26°01′～26°13′、东经118°22′～118°35′，海拔600～1 000米的地区。2008年获福建省认定并保护，编号闽GY002。有性系，以灌木为主，有少量小乔木，树姿较直立，叶披针或长椭圆形，大叶类，叶尖渐尖，锯齿浅、中、锐，芽叶多为紫绿色，抗逆性较强。茶叶中儿茶素总量15.74%～27.48%，生物碱总量3.10%～6.95%，均值4.64%。汤川苦茶咖啡碱含量均值为3.98%，其中含量最高的单株为5.49%，属于高咖啡碱特异单株。适制绿茶。制绿茶滋味苦、略涩、有回甘。

（六）高苦茶碱茶树品种资源

1. 秀篆清明茶（*C. sinensis* Xiuzhuanqingmingcha） 原产于福建省诏安县秀篆八仙座、龙伞岽一带（图1-30）。植株较高大，树姿直立，小乔木，大叶类，早生或特早生种。叶椭圆形，叶色绿或黄绿色，有光泽，叶面平或微隆起，叶齿稀浅，叶尖渐尖，叶质较厚脆。芽叶肥壮，淡黄绿色，茸毛少。芽叶生育力强，产量较高，亩产干茶150千克以上。春茶干茶样含氨基酸4.28%～4.70%。适制乌龙茶、红茶、绿茶和白茶，香气高长，入口微苦后回甘，耐冲泡。

图1-30 秀篆清明茶（杨如兴 摄）

2. 安溪苦茶（*C. sinensis* An'xikucha） 主要分布在福建省蓝田乡福顶山和剑斗镇水头拔山等地（图1-31）。小乔木或灌木，大叶类，早生种。植株较高大，树姿直立，茶树高达5米以上，主干直径近20厘米。叶椭圆形，叶色黄绿，有光泽，叶面平或稍隆起，叶齿稀浅，叶尖渐尖，叶质较厚脆。芽叶肥壮，淡绿色，茸毛少或无。芽叶生育力强，产量较高，亩产干茶150千克左右。春茶一芽二叶干茶样约含氨基酸3.3%、茶多酚30.0%、儿茶素总量19.3%。花冠直径3.5～4.0厘米，花瓣7瓣，子房茸毛多，花柱2～3裂。种子棕黑色，种径1.4厘米，结实性中等。适制乌龙茶，香气清长，显花香，味苦。抗寒性和适应性较弱。

图 1-31　安溪苦茶（叶乃兴　摄）

二、枝叶特异茶树种质资源

1. 福建奇曲（*C. sinensis* Fu'jian-qiqu）　由福建省农业科学院茶叶研究所选育，为自然变异体（图1-32）。无性系，灌木型，中叶类，早生种。植株中等，树姿半开张，分枝较密，嫩茎和枝干呈S形，叶片呈水平状着生。叶椭圆形，叶色绿，叶面微隆起，叶缘平，叶身平，叶尖钝尖，叶齿较锐深密，叶质较厚脆。芽叶淡绿色，茸毛较少，节间长，一芽三叶百芽重24.4克。花冠直径3.8厘米，花瓣6～7瓣，子房茸毛多，花柱3裂。芽叶生育力较强，持嫩性较强。一芽三叶盛期在4月上旬。产量较低，亩产干茶70千克左右。春茶一芽二叶干茶样含氨基酸2.2%、茶多酚21.7%、儿茶素总量16.1%、咖啡碱4.7%。适制红茶、绿茶。多用于观赏。抗旱性与抗寒性强。扦插繁殖力较强，移植成活率中等。

图 1-32　福建奇曲（杨如兴　摄）

2. **涟源奇曲**（*C. sinensis* Lianyuan-qiqu）　由湖南省涟源市茶叶示范场从地方茶树群体种中选育而成，为自然变异体（图1-33）。无性系，灌木型，中叶类，中生种。植株较矮，树姿开张，新梢和枝干弯曲呈S形，叶片水平或下垂状着生。叶长椭圆形，叶色绿，叶身强内折，叶面微隆起，叶缘微波，叶尖渐尖，叶齿较浅，叶质较软。芽叶黄绿色，茸毛少，一芽三叶百芽重24.0克，持嫩性较强。花冠直径3.8厘米，花瓣7瓣，子房有茸毛，花柱3裂。一芽三叶盛期在4月中旬。芽叶生育力中等，产量较低。制绿茶，香气较高。多用于观赏。抗寒性、抗旱性中等。扦插繁殖力强。

图 1-33　涟源奇曲（杨如兴　摄）

3. 筲绮（*C. sinensis* Xiaoqi） 原产于福建省安溪县（图1-34）。1957年由福建省农业科学院茶叶研究所从安溪引进种植，为自然变异体。无性系，灌木型，中叶类，中生种。植株较小，树姿半开张，分枝较密，叶片呈水平状着生。常见有双叶型、三叶型、主脉双分Y形、主脉三分Y形等变态叶，新梢也有变态，腋芽有双芽或多芽，变态芽叶具有一定的遗传性。叶色深绿，有光泽，叶面微隆起，叶形以椭圆为主。芽叶绿色，茸毛少。一芽三叶百芽重65.5克，持嫩性较强。花冠直径3.5厘米，花瓣10瓣，子房茸毛较多，花柱3裂。一芽三叶盛期在4月中旬。芽叶生育力较强，发芽密度较密，产量中等。适制红茶、绿茶。可作庭院观赏盆景栽种。扦插繁殖力强，种植成活率较高。

图1-34 筲 绮（杨如兴 摄）

4. 吴山元宝茶（*C. sinensis* Wushan-yuanbaocha） 原产于福建省宁德市蕉城区八都镇吴山村，在第三次全国农作物种质资源普查与收集行动中调查发现（图1-35）。无性系，灌木型，中叶类，中生种。植株中等，树姿直立，分枝较密，叶片呈上斜状着生。叶色深绿，有光泽，叶面微隆起，叶形椭圆为主，叶身内折，常见形状稳定的"饺子"形"元宝"状变态叶。叶长6.0～9.0厘米，叶宽2.5～3.6厘米，叶齿深、密、锐，23～37对，叶脉8～11对。芽叶绿色，茸毛中等偏多。平均一芽三叶长10.7厘米，平均一芽三叶百芽重77.3克，产量中等。花冠直径3.4厘米，花瓣8～10瓣，子房茸毛多，花柱3裂。抗逆性较强。适制红茶、绿茶。可作观赏盆景栽种。

图1-35　吴山元宝茶（杨如兴　摄）

三、叶色特异茶树种质资源

1. 黄金芽（*C. sinensis* Huangjinya）　原产于浙江省余姚市，是属于光照敏感型新梢白化变异品种，也是高氨基酸茶树品种（图1-36）。2008年认定为省级品种，编号浙R-SV-CS-010-2008。无性系，灌木型，中叶类，中生种。植株中等，树姿半开张，分枝密度中等，叶片呈上斜状着生。叶色浅绿或黄白色，叶面平或微隆，叶椭圆形，叶缘平或波，叶身平或内折，叶尖渐尖。芽较小，茸毛多，黄白色。产量中等，花冠直径3.5～4.0厘米，花瓣4～5瓣，子房茸毛中等，花柱3裂。一芽二叶干茶样氨基酸含量4.0%。

适制绿茶，具有"三黄"标志，即干茶亮黄、汤色明黄、叶底纯黄。制绿茶，香气浓郁，持久悠长，滋味醇、糯、鲜。抗逆性相对较弱，适宜在遮光率低于30%的林茶套种茶园中种植。

图1-36　黄金芽（邬龄盛　摄）

2. 金冠茶（*C. sinensis* Jinguancha）　由福建省农业科学院茶叶研究所从黄观音（♀）×白鸡冠（♂）杂交 F_1 中选育而成（图1-37，图1-38）。无性系，灌木型，中叶类，早生种。植株中等，树姿半开张，分枝较密，叶片呈上斜状着生。叶色深绿、富光泽，叶面

图1-37　金冠茶（郭吉春　提供）　　图1-38　金冠茶（杨如兴　摄）

隆起，叶椭圆形，叶尖钝尖，叶身内折，叶质较硬脆。全年嫩梢的芽、叶、茎呈黄色、淡黄色。育芽能力强，发芽较密，茸毛少，持嫩性较强，产量中等。一芽三叶盛期在3月底至4月初。适制乌龙茶与绿茶、红茶、白茶。制乌龙茶茶香浓郁，花香显，味醇厚，叶底透亮。抗性与适应性较强，适宜在福建及气候条件相似的茶区推广。

3. 福黄1号（*C. sinensis* Fuhuang 1）　原产于福建省宁德市蕉城区八都镇，为福安大白茶的自然变异株（图1-39）。无性系，小乔木型，大叶类，早生种。植株较高大，主干明显，树姿半开张，分枝较密，叶片稍上斜着生。叶长椭圆形，叶色绿、富光泽，叶面平，叶缘平，叶身内折，叶尖渐尖，叶齿较锐浅密，叶质厚脆。芽叶黄色，茸毛较多。春梢一芽二叶干茶样氨基酸含量9.71%，茶氨酸含量6.69%，茶多酚含量27.16%，咖啡碱含量4.56%。发芽较密且整齐，一芽三叶百芽重93.0克，产量高。花冠直径3.7厘米，

图1-39　福黄1号（杨如兴　摄）

花瓣7～8瓣，子房茸毛多，花柱3裂，结实少。适制白茶、红茶和绿茶。制白茶品质优异，芽壮毫显，香清、味鲜醇，风味独特；制红茶条索壮实紧结，白毫多，香高、味浓醇，叶底肥厚红亮；制烘青绿茶，条索自然，色浅黄亮，汤色淡黄明亮。抗寒、抗旱能力较强，适宜在福建茶区示范推广。

4. 福黄2号（*C. sinensis* Fuhuang 2）　原产于福建省宁德市蕉城区八都镇，为福云6号茶树的自然变异株（图1-40）。无性系，小乔木型，大叶型，早生种。植株较高大，树姿半开张，分枝能力强，分枝较密。叶片呈水平状或稍下垂状着生，叶形呈长椭圆形或披针形，叶色黄绿，光泽性强，叶质柔软，叶面平滑，叶身内折，叶缘平，锯齿浅而稀，叶尖渐尖，叶脉8～11对。嫩芽叶黄色，肥壮，茸毛多。春梢一芽二叶干茶样氨基酸含量8.21%，茶氨酸含量5.74%，茶多酚含量25.34%，咖啡碱含量3.58%。育芽能力较强，持嫩性较好，一芽三叶百芽重103.5克，产量高。花冠直径3.3～3.9厘米，花瓣6～7瓣，萼片5～6片，柱头3裂，雌高，子房茸毛多。结实能力中等。适制绿茶、红茶和白茶。制绿茶条索紧细、白毫显露、香气清高、汤色杏黄明亮、滋味醇和爽口。抗寒、抗旱能力较强，适宜在福建茶区示范推广。

图1-40　福黄2号（杨如兴　摄）

5. **金茗早**（*C. sinensis* Jinmingzao） 由福建农林大学从茗科1号（金观音）自然杂交后代中采用单株育种法育成（图1-41）。无性系，小乔木型，中叶类，特早生种。植株较直立，树姿半开张。叶椭圆形，叶色绿，叶面微隆起，叶缘平或微波，叶身内折，叶尖渐尖，叶齿密度中等，新梢芽叶色泽为紫红色，芽叶茸毛中等，发芽密。一芽二叶百芽重（27.4±4.8）克，盛花期在11月上旬，花瓣5～8瓣，花柱3裂，子房有茸毛，雌高。适制乌龙茶和红茶。适应性强，适宜在福建茶区示范种植。（叶乃兴 供稿）

图 1-41 金茗早（叶乃兴 摄）

四、其他特异性茶树种质资源

碎铜茶（*C. sinensis* Suitongcha） 原产于福建省邵武市和平古镇观星山（图1-42），因具有"碎铜"功效而得名，有"碎铜茶好众人夸，能把铜钱碎成渣"的民谣流传。2008年获福建省认定并保护，编号闽HQ009。有性系，灌木型，中叶类，晚生种。叶椭圆或长椭圆形，叶脉明显，叶缘锯齿细而密，叶色暗绿，芽叶较肥壮，持嫩性强。一芽二叶期在3月下旬至4月上旬，产量较低。适制绿茶，制绿茶毫显、味浓、耐泡。

图1-42　碎铜茶（杨军　提供）

第三节　主要栽培茶树品种

1. 福鼎大白茶（*C. sinensis* Fuding Dabaicha）　又名白毛茶（图1-43）。原产于福建省福鼎市点头镇柏柳村，有100多年栽培史。1985年认定为国家品种，编号GS13001—1985。无性系，小乔木型，中叶类，早生种。一芽三叶盛期在4月上旬。育芽能力强，发芽密且整齐，持嫩性强。叶色绿，叶椭圆形，叶面隆起，叶尖钝尖。芽叶黄绿色，叶质较厚软，茸毛特多。一芽三叶百芽重63.0克。产量高，亩产干茶200千克以上。适制白茶、绿茶、红茶，是制白毫银针、白牡丹的优质原料。抗性强、适应性广，适宜在我国长江南北及华南茶区推广。

图1-43　福鼎大白茶（杨如兴　摄）

2. 福鼎大毫茶（*C. sinensis* Fuding Dahaocha）　原产于福建省福鼎市点头镇汪家洋村，有100多年栽培史（图1-44）。1985年认定为国家品种，编号GS13002—1985。无性系，小乔木型，大叶类，早生种。一芽三叶盛期在4月上旬。育芽能力强，发芽密且整齐，持嫩性较强。叶色绿，叶椭圆或近长椭圆形，叶面隆起，叶尖渐尖。芽叶黄绿色，叶质厚脆，茸毛特多。一芽三叶百芽重63.0克。产量高，亩产干茶200～300千克。适制白茶、绿茶、红茶，是制白毫银针、白牡丹的优质原料。抗性强、适应性广，适宜在我国长江南北及华南茶区推广。

图1-44　福鼎大毫茶（杨如兴　摄）

3. 福安大白茶（*C. sinensis* Fu'an Dabaicha）　原名高岭大白茶（图1-45）。原产于福建省福安市康厝畲族乡上高山村。1985年认定为国家品种，编号GS13003—1985。无性系，小乔木型，大叶类，早生种。一芽三叶盛期在4月上旬。育芽能力强，发芽密且整齐，持嫩性较强。叶色深绿，叶长椭圆形，叶面平，叶身内折，叶尖渐尖。叶质厚脆，芽叶黄绿色，茸毛较多。一芽三叶百芽重98.0克。产量高，亩产干茶200～300千克。适制红茶、绿茶、白茶，品质优。制工夫红茶，条索肥壮紧实，显毫，色泽乌润，香高味浓；制烘青绿茶，条索肥壮，色灰绿，显毫，香高似板栗香，味鲜浓；制白茶，芽壮毫显，香鲜味醇。抗寒性和抗旱性强，适宜在我国长江南北及华南茶区推广。

图1-45　福安大白茶（杨如兴　摄）

4. 福云6号（*C. sinensis* Fuyun 6）　由福建省农业科学院茶叶研究所从福鼎大白茶与云南大叶种的自然杂交后代中单株分离选育而成（图1-46）。1987年认定为国家品种，编号GS13003—

图1-46　福云6号（杨如兴　摄）

1987。无性系，小乔木型，大叶类，特早生种。一芽三叶盛期在3月下旬。发芽密且整齐，芽梢较肥壮，茸毛多。植株高大，分枝较密，叶长椭圆形，叶色淡绿。一芽三叶百芽重69.0克，产量高，亩产干茶200～300千克。适制白茶、红茶、绿茶。抗性强，适应性广，适宜在我国江南、华南茶区推广。

5. 龙井43（*C. sinensis* Longjing 43）　由中国农业科学院茶叶研究所从龙井群体中采用单株选育法育成（图1-47）。1987年认定为国家品种，编号GS13007—1987。无性系，灌木型、中叶类、特早生种。植株中等，树姿半开张，主干较明显，分枝密，叶片上斜状着生。一芽一叶盛期在3月下旬中。发芽密且整齐，育芽能力强，叶色深绿，嫩梢黄色，茸毛少，持嫩性较差。一芽三叶百芽重39.0克，产量较高。适制绿茶。制龙井茶，外形扁平光滑、挺秀，色泽嫩绿，香气清高，滋味甘醇爽口，叶底嫩黄成朵。抗寒性较强，抗旱性中等，抗病虫害能力稍弱。适宜在长江南北绿茶区推广。

图1-47　龙井43（倪子松　摄）

6. 云抗10号（*C. sinensis* Yunkang 10）　由云南省农业科学院茶叶研究所从勐海南糯山群体中采用单株选育法育成（图1-48）。1987年认定为国家品种，编号GS13020—1987。无性系，乔木型，大叶类，早生种。植株较高大，树姿开张，主干明显，分枝密；叶稍上斜状着生，叶长椭圆形，叶色黄绿，叶面微隆起，叶缘微波，叶尖骤尖，叶肉较厚质软；育芽能力强，一芽三叶盛期在3月下旬，芽叶黄绿色，茸毛特多。一芽三叶百芽重120克，产量高。适制红茶、绿茶。制红茶香高持久，滋味强浓鲜；制滇绿茶，色翠显毫，香气带花香，滋味浓厚，汤色翠绿。抗寒、抗旱性较弱，适宜在西南、华南最低温度-5℃以上茶区种植。

图1-48　云抗10号（刘本英　摄）

7. 白毫早（*C. sinensis* Baihaozao）　由湖南省农业科学院茶叶研究所从安化群体种中采用单株育种法育成（图1-49）。1994年审定为国家品种，编号GS13017—1994。无性系，灌木型，中叶类，早生种。树姿半开张，叶稍向上斜状着生。叶长椭圆形，叶色绿，叶身稍内折，叶面平，叶尖渐尖。芽叶淡绿色，茸毛多。一芽三叶百芽重72克，产量高。春茶萌发期在3月上旬，育芽能力强。适制绿茶、红茶。制绿茶，茸毛显，汤色清澈，香气嫩爽持久，滋味鲜爽醇厚。抗寒性和抗病虫性均强。适合在长江南北红茶、绿茶茶区推广种植。

图1-49　白毫早

8.中茶108（*C. sinensis* Zhongcha 108）　由中国农业科学院茶叶研究所从龙井43辐射诱导芽变后代中经单株选育而成（图1-50）。2010年鉴定为国家品种，编号国品鉴茶2010013。灌木型、中叶类、特早生种。叶呈上斜状着生，叶长椭圆形，叶色绿，叶面微隆，叶身平，叶基楔形，叶尖渐尖。植株中等，树姿半开张，分枝较密。3月上中旬春茶萌发，育芽力强，持嫩性好，芽叶黄绿色，茸毛较少。产量高，亩产干茶250千克。适制扁形名优绿茶。抗寒性、抗旱性、抗病性均较强，尤抗炭疽病，适宜在江北、江南茶区推广种植。

图1-50　中茶108（倪子松　摄）

9. 白云特早（*C. sinensis* Baiyuntezao）　由福建省农业科学院茶叶研究所从福建省寿宁县武曲镇菜茶群体种中通过单株筛选育成的茶树新品系（图1-51）。无性系，小乔木型、中叶类、特早生

图1-51　白云特早（杨如兴　摄）

种。叶椭圆或长椭圆形，呈水平或稍上斜状着生，叶面微隆起，叶缘微波，叶身内折，叶尖渐尖，叶齿稍钝、浅、密，叶质较厚脆，叶色深绿。育芽能力较强，发芽较密，芽叶肥壮，芽梢茸毛多，持嫩性较强，芽叶淡黄绿色。一芽三叶百芽重97.07克，芽重型，产量高。适制白茶、红茶和绿茶。制白茶毫显，香气幽长，毫香和花香显，滋味醇厚甘鲜。抗病、抗虫和抗寒、抗旱性均较强，适宜在福建茶区推广种植。

10. 铁观音（*C. sinensis* Tie-guanyin） 又名红心观音、红样观音、魏饮种（图1-52）。原产于福建省安溪县西坪镇松尧村，有200多年栽培史。1985年认定为国家品种，编号GS13007—1985。无性系，灌木型，中叶类，晚生种。植株中等，树姿开张，分枝稀。一芽二叶盛期在4月中下旬。育芽能力较强，发芽较稀，持嫩性较强，芽叶绿带紫红色，嫩梢肥壮，茸毛较少。叶椭圆形，叶色深绿，叶质厚脆。一芽三叶百芽重60.5克，产量中等，亩产乌龙茶干茶100千克。适制乌龙茶。制乌龙茶香气馥郁幽长，滋味醇厚回甘，具有独特香气，俗称"观音韵"。抗旱、抗寒性均较强。适宜在乌龙茶茶区推广。

图 1-52 铁观音（杨如兴 摄）

11. 黄棪（*C. sinensis* Huangdan） 又名黄金桂（图1-53）。原产于福建省安溪县虎邱镇美庄村，有100多年栽培史。1985年认定为国家品种，编号GS13008—1985。无性系，小乔木型，中叶类，早生种。植株中等，树姿较直立，分枝较密。一芽三叶盛期在4月初。育芽能力强，发芽密，芽叶黄绿色，茸毛较少。叶椭圆形或倒披针形，叶色黄绿，叶质较薄软。一芽三叶百芽重59.0克，产量较高，亩产乌龙茶干茶150千克左右。适制乌龙茶、绿茶、红茶。制乌龙茶香气馥郁芬芳，俗称"透天香"，滋味醇厚甘爽。抗旱、抗寒性均较强。适宜在江南、华南茶区推广。

图1-53 黄 棪 (杨如兴 摄)

12. 福建水仙（*C. sinensis* Fujian Shuixian）又名水吉水仙、武夷水仙（图1-54）。原产于福建省建阳区小湖乡，有100多年栽培史。1985年认定为国家品种，编号GS13009—1985。无性系，小乔木型，大叶类，晚生种。植株高大，主干明显，树姿半开张，分枝稀。一芽三叶盛期在4月中下旬。育芽能力较强，发芽较稀，持嫩性较强。芽叶淡绿色，嫩梢肥壮，茸毛较多，节间较长。叶呈水平状着生，叶长椭圆形或椭圆形，叶色深绿，有光泽，叶质厚、硬脆。一芽三叶百芽重112.0克，产量较高，亩产乌龙茶干茶150千克以上。适制乌龙茶、绿茶、红茶和白茶。制乌龙茶条索紧结重实，色泽翠润，香高长似兰花香，滋味醇厚。制白茶芽壮毫多色白，香清味醇。抗旱、抗寒性均较强，适宜在江南、华南茶区推广。

图1-54 福建水仙（杨如兴 摄）

13.黄观音（*C. sinensis* Huangguanyin） 由福建省农业科学院茶叶研究所以铁观音为母本，黄棪为父本，采用人工杂交育种法育成（图1-55）。2002年审定为国家品种，编号国审茶2002015。无性系，小乔木型，中叶类，早生种。植株中等，树姿较直立，分枝较密。一芽三叶盛期在4月初。育芽能力强，发芽密，持嫩性较

图1-55 黄观音（杨如兴 摄）

强，芽叶黄绿带微紫色，茸毛少。叶椭圆形或长椭圆形，叶色黄绿，叶质厚脆。一芽三叶百芽重58.0克，产量高，亩产乌龙茶干茶200千克以上。适制乌龙茶、绿茶、红茶，制优率高。制乌龙茶香气馥郁芬芳，滋味醇厚甘爽。制绿茶、红茶，条索细秀，花香显，味醇厚。抗性与适应性强。适宜在江南、华南茶区推广。

14. 茗科1号（*C. sinensis* Mingke 1） 又名金观音，由福建省农业科学院茶叶研究所以铁观音为母本，黄棪为父本，采用人工杂交育种法育成（图1-56）。2002年审定为国家品种，编号国审茶2002017。无性系，灌木型，中叶类，早生种。植株较高大，树姿半开张，分枝较密。一芽三叶盛期在4月初。育芽能力强，发芽密且整齐，嫩梢肥壮，持嫩性较强，芽叶紫红色，茸毛少。叶椭圆形，叶色深绿，叶质厚脆。一芽三叶百芽重50.0克，产量高，亩产乌龙茶干茶200千克。适制乌龙茶、绿茶、白茶。制乌龙茶香气馥郁幽长，滋味醇厚回甘。制绿茶，色绿，花香显，味醇厚。抗性与适应性强。适宜在江南、华南茶区推广。

图1-56 茗科1号（杨如兴 摄）

15. 瑞香（*C. sinensis* Ruixiang）　由福建省农业科学院茶叶研究所从黄棪自然杂交后代中经单株选育而成（图1-57，图1-58）。2010年鉴定为国家品种，编号国品鉴茶2010001。无性系，灌木型，中叶类，中生种。分枝较密，分枝能力较强，叶色黄绿，茸毛少，持嫩性较强。叶长椭圆形，叶尖渐尖，叶质较厚脆。一芽三叶期在4月中旬。一芽三叶百芽重94.0克，产量高。适制乌龙茶、绿茶、红茶。制乌龙茶香气浓郁清长，花香显，滋味醇厚鲜爽甘润，水中带香，且制优率高；制绿茶清香显，稍带花香，汤中有板栗香，味浓爽。抗寒、抗旱能力强，适应性广，适宜在乌龙茶茶区推广应用。

图1-57　瑞香（杨如兴 摄）　　图1-58　瑞　香（陈常颂 提供）

16. 金牡丹（*C. sinensis* Jinmudan）　由福建省农业科学院茶叶研究所以铁观音为母本，黄棪为父本，采用人工杂交育种法育成（图1-59，图1-60）。2001年被评为"九五"国家科技攻关一级优异种质。2010年鉴定为国家品种，编号国品鉴茶2010024。无性系，灌木型，中叶类，早生种。植株中等，树姿较直立，分枝较密。

一芽三叶盛期在4月上旬。育芽能力强，嫩梢肥壮，持嫩性强，芽叶紫绿色，茸毛少。叶椭圆形，叶色绿，叶质较厚脆。一芽三叶百芽重70.9克，亩产乌龙茶干茶150千克左右。适制乌龙茶、红茶，制优率特高。制乌龙茶，香气馥郁幽长，滋味醇厚回甘。制红茶，外形乌润紧结，花香显，味醇厚。抗性与适应性强，适宜在江南、华南茶区推广。

图1-59 金牡丹（杨如兴 摄）　　　图1-60 金牡丹（郭吉春 提供）

17. 黄玫瑰（*C. sinensis* Huangmeigui）　由福建省农业科学院茶叶研究所以黄观音为母本，黄棪为父本，采用人工杂交育种法育成（图1-61，图1-62）。2001年被评为"九五"国家科技攻关一级优异种质。2010年鉴定为国家品种，编号国品鉴茶2010025。无性系，小乔木型，中叶类，早生种。芽叶黄绿色，发芽密，产量高。适制乌龙茶、红茶、绿茶，制优率高。制乌龙茶，香气馥郁芬芳、高锐，具"通天香"特征，滋味醇厚甘爽。制绿茶、红茶，条索细秀，花香显，味醇厚。抗性与适应性均强，适宜在江南、华南茶区推广。

图1-61　黄玫瑰（杨如兴　摄）　　　　图1-62　黄玫瑰（郭吉春　提供）

18.肉桂（*C. sinensis* Rougui）　原产于福建省武夷山市马枕峰，为武夷名枞之一，有100多年栽培史（图1-63）。1985年认定为省级品种，编号闽审茶1985001。无性系、灌木型、中叶类、晚生种。植株尚高大，树姿半开张，分枝较密。一芽三叶盛期在4月下旬。芽叶生长势强，发芽较密，持嫩性强。芽叶紫绿色，茸毛少。叶色深绿，叶质较厚软，叶长椭圆形，叶面平，叶身内折，叶尖钝尖。一芽三叶百芽重53.0克，产量较高，亩产乌龙茶干茶150千克以上。适制乌龙茶。制乌龙茶，香气浓郁辛锐似桂皮香，滋味醇厚甘爽。抗旱、抗寒性均强。适宜在乌龙茶茶区推广。

图1-63　肉　桂（杨如兴　摄）

19. 台茶12号（*C. sinensis* Taicha 12）　又名金萱，由台湾省茶业改良场以台农8号为母本，硬枝红心为父本，采用杂交育种法育成（图1-64）。主要种植于台湾省东部茶区，福建和广东等茶区。1981年被命名为台茶12号。2011年被审定为省级品种，编号闽审茶2011002。无性系，灌木型，中叶类，中生种。植株中等，树姿开张，分枝密度大。一芽三叶盛期在4月中旬。芽叶生长势强，发芽整齐，密度中等，芽叶绿色，节间粗短，有茸毛。叶色淡绿，叶近椭圆形，叶面较平，叶尖钝尖。一芽三叶百芽重44.0克，产量较高。适制台湾包种茶和台湾乌龙茶、绿茶。制乌龙茶，香气浓带玉兰香，滋味浓厚甘醇。抗寒性、抗病性与适应性均强。适宜在江南、华南茶区推广。

图1-64　台茶12号（杨如兴　摄）

20. 大红袍（*C. sinensis* Dahongpao）　原产于福建省武夷山市天心岩九龙窠悬崖上，为武夷名枞之一，由武夷山市茶业局选育而成（图1-65）。2012年审定为省级品种，编号闽审茶2012002。无性系，灌木型，中叶类，晚生种。植株中等，树姿半开展，分枝较密。一芽三叶盛期在4月下旬。育芽能力较强，发芽较密，持嫩性较强，芽叶紫红色，茸毛尚多。叶呈稍上斜状着生，叶椭圆形，叶色深绿，叶质较厚脆，叶身稍内折，叶面微隆起，叶尖钝尖。一芽三叶百芽重41.0克，产量中等，亩产乌龙茶干茶100千克以上。制乌龙茶，香气馥郁芬芳似桂花香，滋味醇厚回甘。抗旱、抗寒性均较强。适宜在福建乌龙茶茶区推广。

图 1-65 大红袍（杨如兴 摄）

第四节 茶树良种苗木繁育技术

茶树苗木繁育方式分有性繁育和无性繁育。有性繁育是利用茶籽进行播种育苗（俗称实生苗）的方式。茶树是异花授粉作物，不同品种或植株类型之间的茶花，通过自然杂交授粉而获得茶籽，其后代是一种杂合体，具有遗传的多样性，称有性系品种。有性繁育的优缺点分别是：茶籽贮运方便、繁育技术简单、繁育后代抗性和适应性强；但茶树经济性状杂、生长优劣差异大、生育期不一致、不利于田间管理和机械采摘等。无性繁育是直接利用茶树营养体的某一部分进行繁育的方式，又称营养繁殖，有短穗扦插、压条、组培等。其中，短穗扦插繁育是利用茶树的再生能力，将母树枝条剪成短穗，扦插在适宜的苗床环境中，培育成新植株的方法。无性繁育的优缺点分别是：无性繁育茶苗能保持与母本相同的优良性状，也有利于机采、机制；但茶苗及幼树的抗逆性较有性系实生苗差。现简要介绍当前最常用的短穗扦插繁育技术。

一、采穗母本园的建设与管理

（一）采穗母本园建设

采穗母本园按高标准茶园建设，总体应符合《生态茶园建设规范》（GH/T 1245—2019）和《茶叶产地环境技术条件》（NY/T 853—2004）的规定（图1-66，图1-67）。

图1-66　茗科1号采穗母本园　　图1-67　黄玫瑰采穗母本园
（杨如兴　摄）　　　　　　　　（杨如兴　摄）

（二）采穗母本园管理

（1）修剪　采穗母本园修剪应根据品种、树龄、树势、扦插时期而定。供夏季扦插的采穗母本园，应于茶树封园后（10—11月）进行轻修剪；供秋、冬季扦插的采穗母本园，应于秋茶前（6—7

月）进行轻修剪。

（2）施肥 秋冬季开沟，每亩施腐熟农家肥2～5吨或发酵饼肥400～1 000千克或专用复合肥50～60千克。追肥参照采摘茶园管理。

（3）病虫草害防治 采用农业、物理和生物措施综合防治病虫草害，不使用化学农药和化学除草剂。同时在剪枝扦插前1周喷施石硫合剂，以防病虫害被带入苗圃。

（4）打顶剪枝 剪枝扦插前10天左右，对未停止生长的顶芽进行打顶，促进枝条成熟。剪枝时采用枝剪刀剪枝，枝条小把绑捆（每小把5千克左右），尽量减轻绑捆和搬运过程的挤压，以保持枝叶的完整。

二、苗圃选择与短穗扦插

（一）苗地选择

选择地势平坦、水源充足、排灌方便、向阳避风、无重金属和农药污染、pH4.5～5.5的水田或旱地作苗圃地，尤其以土壤透气性良好的水稻田为佳。

（二）苗床制作

苗地全园深翻约30厘米，随后将土块砸碎耙平制作苗床（图1-68）。苗床以东西向为宜，畦宽约120厘米，畦高8～10厘米，

图 1-68 苗床制作（杨如兴 摄）

畦间沟宽约25厘米。苗圃地适当开深沟排涝防渍，同时增设长×宽×深为80厘米×50厘米×100厘米的贮水坑，便于苗期浇水。苗床成形后，畦面铺一层5～6厘米厚的红、黄壤心土。将心土整细铺平压实后，浇水淋透即可进行扦插。

（三）短穗剪取

剪取木质化或半木质化的茶树枝条。将茶树枝条剪短穗（长3～4厘米），短穗应带一个腋芽和一片叶。剪短穗时剪刀要锋利，短穗上下剪口要平滑，不撕破茎皮，上端剪口斜面与叶向相同，剪口呈马蹄形，短穗上剪口距叶柄不小于3毫米，以免损伤腋芽（图1-69）。

图 1-69　枝条剪取（左）和短穗剪取（右）（杨如兴　摄）

（四）短穗扦插

短穗扦插前0.5～1小时浇透苗床，待床面稍干不黏手时，用

图 1-70　短穗扦插（杨如兴　摄）

一块木板平放床面上当扦插线。扦插密度一般以正常叶长宽作为行株距，以插穗叶片前后行不遮盖腋芽、左右两棵短穗的叶片不相互重叠为宜。短穗叶片稍翘起斜插入土，叶柄、腋芽露出土面，叶片不能贴土。扦插后立即浇透水（图1-70）。

三、苗棚（网室）建设

（一）温室（智能）大棚建设

温室大棚建设采用连栋式，每栋跨度可采用6米或8米，肩高宜大于1.8米，顶高3.0～4.5米，长度宜小于50米。覆盖材料宜采用双层薄膜或PVC中空板，PVC板透光度≥80%。

温室大棚设置内、外双遮阳系统。外遮阳网宜采用遮光度为70%的黑色塑料遮阳网，内遮阳网宜采用塑料薄膜。遮阳系统宜采用电动智能控制，并配备自动喷灌系统和风机降温、侧通风、顶通风系统，根据茶苗生长需要，智能调节光、热、水等指标（图1-71）。

图 1-71 温室（智能）大棚育苗（杨如兴 摄）

（二）遮阴苗棚搭篷

（1）木桩搭篷遮阴 苗床两边隔1.5～1.6米打木桩，在横、纵向木桩上捆扎竹片或用8～12号铁线拉紧作为篷架。低篷篷架高40～50厘米；中篷高150厘米以上；采用遮阳网披盖遮阴（图1-72）。

（2）钢架网室遮阴　搭网室骨架宜采用热浸镀锌钢架结构或砼柱—钢架混合结构。网室高1.8～2.0米，宽度宜为1.5米的整数倍，长度不超过50米，平顶。网室遮阴系统可采用电动或手动开闭系统。采用遮光度为70%的黑色塑料遮阳网（图1-73）。

（3）简易矮篷遮阴　采用竹条（毛竹切成）直接插在苗床两边，呈自然拱形，竹条长度依苗床宽度而定，篷架高40～50厘米，采用遮阳网披盖遮阴。这种简易矮篷遮阴方式在中小育苗单位和育苗户中普遍应用（图1-74）。

图1-72　木桩中篷遮阴苗棚
（杨如兴　摄）

图1-73　钢架结构遮阴苗棚
（杨如兴　摄）

图1-74　简易竹条矮篷遮阴（杨如兴　摄）

四、苗圃的管理

（一）调节遮阴

短穗扦插后至愈合发根前，应适度遮阴防止日光直晒。发根抽梢后应提高透光度，6个月后可逐步提高透光率，日光微弱时可不遮阴。根系发育较健全时，选择阴雨天逐步去除遮阳物。一般春梢繁育扦插的苗圃在秋季热旱期过后（10月后）去除遮阳物；秋冬扦插的在翌年6—8月去除遮阳物，并注意浇水防旱。

（二）水分管理

苗圃浇水以浇到插穗基部的土壤湿润为度，土壤保水性好的少浇，否则多浇。扦插后至愈合发根前，晴天早晚各浇水1次，阴天1天1次，雨天不浇，大雨久雨还要及时排水。苗圃网室宜采用水肥一体化自动喷灌系统，保持苗床土壤持水量70% ~ 90%。

（三）施肥管理

苗期施肥应掌握少量多次、由少到多、淡肥勤施的原则。一般以浇施和叶面喷施为主。追肥以腐熟的人、畜尿稀释10倍左右施用为宜。当插枝发根后施第一次追肥，此后每1个月左右追肥1次，施用量也逐次增加。待苗高达到出圃标准时可适当减少施肥次数。苗期禁止施用植物生长调节剂。

（四）防治病虫草害管理

苗期常见的病虫害有茶小绿叶蝉、蚜虫和叶枯病、炭疽病等，可选用苦参碱和甲基硫菌灵等进行防治。苗期杂草应及时人工拔除，且要拔早、拔小、拔了，禁止使用草甘膦等化学除草剂。

五、茶苗出圃与包装运输

（一）茶苗出圃

茶苗出圃时，应选择在秋冬季或春季的无霜冻天气起苗。起苗应提前1 ~ 2天灌水湿透苗床，待水排干，便于操作时起苗。起苗时应尽量多带根土，勿伤根部，同时去除异种杂株和病虫株。

合格茶苗为一年生、无病虫害、根系发达、植株健壮、着叶6片以上的茶苗（图1-75）。出圃标准与检验、检疫按《茶树种苗》（GB 11767—2003）执行。

图 1-75 合格茶苗（杨如兴 摄）

（二）包装与运输

裸根茶苗出圃用稻草或其他绳索等捆扎，100 株 1 小捆，500 株 1 大捆，根部打黄泥浆套塑料袋包装保湿。轻基质无纺布容器苗或穴盘苗用塑料筐装运。不同品种分别包装，并挂牌标明品种、株数等。运输时，茶苗数量不宜装太多、太满，严防发热、重压损伤茶苗。运输过程要进行必要的遮阳和搭架通气，以防日晒、风吹和发热（图 1-76）。

图 1-76 茶苗包装

第二章　高标准茶园建设技术

高标准茶园指管理集中成片、集约经营、合理密植，采用科学的采、养、培等技术，树势健壮、单产高、鲜叶品质好的茶园（图2-1，图2-2）。建立新茶园，必须坚持质量第一、因地制宜、全面规划，注意生态平衡，做到茶、林、果、牧有机结合，以梯田化、良种化、园林化、自流灌溉化、生产机械化和栽培科学化为目标。并在建园中坚持5个高标准：等高梯层、缓路横沟、深挖下肥、良种壮苗、密植绿化。

图 2-1　缓坡茶园

图 2-2　山地等高梯层茶园

第一节　茶叶产地环境技术条件

为合理选择茶树种植区域，主动保护茶叶产地环境，防止人类生产和生活对茶叶产地造成污染，保障食用者安全，中华人民共和国农业行业标准《茶叶产地环境技术条件》（NY/T 853—2004）及《茶叶生产技术规程》（NY/T 5018—2015）对茶叶产地环境条件规定如下。

一、总体要求

种植基地应远离化工厂和有毒土壤、水质、气体等污染源，与主干公路、荒山、林地和农田等的边界应设立缓冲带、隔离沟、林带或物理障碍区。

二、空气要求

茶园环境空气质量应符合表2-1规定。

表2-1　茶园环境空气质量标准

项　目	日均值
总悬浮颗粒物（标准状态）	≤0.30毫克/米^3
二氧化硫（标准状态）	≤0.15毫克/米^3
二氧化氮（标准状态）	≤0.10毫克/米^3
氟化物（F）（标准状态）	≤7微克/米^3（动力法） ≤5.0微克/（分米^2·天）（挂片法）

注：①日均值指任何一日的平均浓度。
　　②连续采样3天，一日3次：8:00—9:00、11:00—12:00、16:00—17:00各1次。
　　③氟化物采样可用滤膜动力采样法或石灰滤纸挂片法，分别按各自规定的指标执行；采取石灰滤纸挂片法要挂置7天。

三、土壤要求

茶园土壤质量应符合表2-2要求。

表2-2　茶园土壤质量要求

项　目	浓度限值（毫克/千克）
镉	≤0.30
铅	≤250
汞	≤0.30
砷	≤40
铬	≤150
氟	≤1 200

四、灌溉水要求

茶园灌溉水质量应符合表2-3要求。

表2-3 茶园灌溉水质量要求

项　　目	浓度限值（除pH外，毫克/升）
pH	5.5 ～ 7.5
总汞	≤ 0.001
总镉	≤ 0.005
总铅	≤ 0.10
总砷	≤ 0.10
铬（六价）	≤ 0.10
氟化物	≤ 2.0

第二节　茶园规划与开垦

一、园地选择和规划

茶树是多年生经济作物，一次种植多年收获，有效生产期可达40 ～ 50年，甚至更长。因此，新茶园建设必须根据《茶叶产地环境技术条件》（NY/T 853—2014），认真选择好园地，做好规划设计，保证开垦质量，为建设高标准茶园打下基础。

（一）茶园基地条件选择

根据茶树对环境条件的要求选择园地，除满足《茶叶产地环境技术条件》外，还应考虑山地开垦后的水土保持、生态平衡、交通运输、人力资源等条件。因此，新茶园建设宜选择在交通较为便利，生态条件良好，远离污染源，杜鹃花、马尾松，以及铁芒萁等蕨类植物生长良好，土层深厚，有较大可垦面积，具有可持续生产能力的缓坡农业区域（图2-3）。

1.气候条件　年有效积温（指平均气温10℃以上）要求3 500℃

图2-3 杜鹃花（左）和铁芒萁（右）生长缓坡地

以上，生长季节的月平均气温不低于15℃，绝对低温不低于-10℃。年降水量800毫米以上，生长季的月降水量100毫米以上。

2.土壤条件 茶树喜酸、怕碱，适宜生长的土壤pH为4.0～6.5，pH高于6.5或低于4.0则生长不良。茶园土壤有效深度60厘米以上，1米土层内不具有黏盘层，地下水位要求1米以下。以壤土为好，其中沙质壤土是优质高产茶园的理想土壤。

3.水源条件 周围应有灌溉水水源。

（二）茶园规划设计

建立新茶园，应根据茶树对自然条件的要求和农业生产的总体规划，并从当地实际出发，因地制宜，科学合理地利用土地资源，做好规划。新茶园规划要素主要包括土地利用分配、道路网、排蓄水系统、防护林和茶园规划等。

1.土地利用分配 做到因地制宜、全面规划，以茶为主，配合林牧业发展，做到农林牧、山田路合理布局。

2.道路网 茶园道路分为汽车便道、主道、支道、步道。茶园面积较大的茶场或茶庄园等宜设置路面宽4～5米，坡度小于5°，弯道半径4米以上的汽车便道；主道建设要求路面宽2～3米，路坡小于6°，弯道半径3米以上，供茶园作业车辆通行；支道建设要求路面宽1.5～2.5米，路坡小于7°，弯道半径1.5米以上，一般由主道分出，供茶园作业机械等通行；山地茶园步道则根据需要与梯层长度，在层与层之间交错设立，可设"之"字形迂回而上步道。

　　3.排蓄水系统　茶园与森林或荒地交界处应设置隔离沟，隔离沟深50厘米、宽60厘米，沟壁倾斜60°。主道和支道内侧建排水沟，沟深20厘米、宽20～30厘米（图2-4）。在茶园内侧建长×宽×深为（100～200）厘米×（20～30）厘米×（10～20）厘米的竹节沟，每个竹节沟间隔2～3米；根据茶园面积和水源地情况，在茶园上方或排水沟的出口处等适当位置建设蓄水（灌溉）池，做到能蓄能排（图2-5）。

图2-4　茶园主道及排水沟　　　　图2-5　排蓄水系统

　　4.防护林　茶园种植生态行道树、防护林带；梯壁、空闲地种植护坡植物或绿肥。为便于茶园机械作业，不宜在茶行间套种树木。

5.茶园规划　5°以内缓坡地应设宽幅梯层，便于机耕、机采；5°以上坡地，沿等高线修水平梯田，建梯层茶园。

二、开垦技术

（一）开垦原则

茶园开垦要以水土保持为中心，以深翻改土、熟化土壤为重点。坡度小于5°缓坡地，宜设宽幅梯层，便于机耕、机采；大于5°坡地，沿等高线修水平梯田，建梯层茶园。修建梯层要求为梯层等高（梯层高度不宜超过1.5米，宽度不少于2米），环山水平，大弯随势，小弯取直，心土筑埂，表土回沟，外高内低，外埂内沟，梯层接路，路路相通。

（二）开垦步骤

开垦之前，先清理地表，砍伐杂树后清除树根，规划道路、水沟、防护林。坡度过陡、山顶、山脊等处的树木尽可能保留。

坡度5°以下的缓坡地，开垦时要求按坡度大小，用机器沿等高线横向分段开垦，建立宽幅梯层，避免水土流失；禁止顺坡种植。坡度5°以上的山坡地茶园，应开成水平梯层茶园；梯层构筑按总体规划要求，在施工前做好测定，用机器从下至上开垦，以保证上一梯面的表土覆盖在下一梯层表面。

1.构筑梯壁　开垦梯壁基座宽度一般为50～70厘米，要求挖至实土，并向内倾斜，斜度以70°为宜。构筑材料因地制宜，用石头或草皮砖均可，或用茶园心土打夯构筑（图2-6）。

图2-6　梯壁构筑

2.开排蓄水沟 梯壁构筑后，梯梗要高于梯层。每一梯层内侧要开一条横排蓄水竹节沟，竹节沟宽深各25厘米。

3.绿化梯壁 种植适宜茶园梯壁绿化的草种，如爬地兰、百喜草、野牡丹等。同时，宜保留非恶性杂草护坡绿化（图2-7）。

图2-7 梯壁绿化

4.深垦茶园 全面深耕50～60厘米，打碎土块，清除杂草、树根、石块等，并整成外高内低的梯层。

三、低产茶园改造技术

（一）低产茶园概念

低产茶园是指产量低、品质差、经济效益不高的茶园，即单产水平低于本地区平均单产的茶园，或是品种低劣、老茶园、旧茶园、未老先衰和经济效益不高的茶园（图2-8，图2-9）。

图2-8 衰老茶园

图 2-9 未老先衰茶园

（二）低产茶园改造的原则

对于一些茶树育芽能力减弱、新梢节间变短、对夹叶多、叶小而薄的茶园，通过改树、改土、改园和改善管理等措施，焕发茶树生机，延缓茶树衰老，提高茶叶产量、品质和经济效益。对于经过若干次改造后，采用常规措施无法恢复树势的茶园，则应进行改植换种，对老茶园进行彻底改造。

（三）低产茶园改造技术

1.改园 对于缺株多、行距不合理、树龄老、品种陈旧和规划设计欠合理、须重新平整的茶园，宜采用改植换种，即一次性挖除老茶树，按新茶园建设标准重新规划设计和开垦，并结合改造栽种新的良种茶苗。

2.改土 改良土壤是改造低产茶园的基础。对开垦时深挖不够、土层浅薄、土壤黏重、土壤结构紧实的茶园，通过深耕及增施有机肥料（土层浅、土质差的还可采取客土改良的方法），加深土层，疏松土壤，提高肥力，形成深厚肥沃的耕作层。改土最好在改树前深耕下基肥，也可与改树或改园同时进行。两行以上的茶园，在茶树行间深耕30厘米左右，单行梯层可在茶树内侧深耕。深耕时，尽量将表土埋入底层，把底土翻到表层，使其自然风化。对部分粗老侧根，还可适当切断更新。在深翻同时，于茶树两侧开沟施肥。

3.改树　茶树在自然生长条件下，自壮年期进入老年期后，由于活力衰退、长势下降，往往靠自然更新（即老枝枯亡、新枝再生的交替作用）维持其生长。因此，根据树势衰老程度，"因树制宜"地采用台刈或重修剪，改变茶树衰老与低产现象，以更新树冠，促使树势复壮，扩大采摘面，提高产量。台刈或重修剪时期，应根据当地气候条件、病虫害发生时期与采摘习惯等而定，一般以春茶前台刈或重修剪较好，但为照顾当年产量，可在春茶采摘结束后及时进行。高山严寒茶区，冬季不宜进行台刈或重修剪，以防冻伤冻死茶树。

4.补密换种　"密"与"种"是丰产的前提。缺株多或稀植茶园，宜适当补密、补足茶树，增加单位面积的种植株数。补植方法：可就地用新梢压条补植，也可用同品种的大茶苗或大树补植。最好补植时期为台刈或重修剪后的当年秋冬季或翌年春季。补植时，应注意质量，先挖深穴，把底土翻上来，填下表土（或客土），施足基肥，带土移栽，压紧根际土壤。

（四）改后的管理措施

低产茶园的改造可以提高茶园水、肥、土的积蓄能力，改善茶树生长发育的环境条件，为高产稳产打下基础。但是，能否持续实现高产稳产，还要看改后的管理情况。肥、管条件好，剪、养、采得当，树势复壮就快，产量就高，而且持续年限长；否则，反而会加快树势衰老，产量不仅不会提高，甚至比改前还低。因此，改后茶园必须采取肥、管、养、采、保相结合的措施，加强水肥管理，进行合理采养等。台刈、重修剪后的茶树，除改造时应施好有机肥等基肥外，在茶季中，还应分批、多次增施氮肥，以促进新梢快速生长与分枝。在勤耕锄、多施肥的基础上，树改后的前2年内还应特别注意培养树势，前期应以留养为主，并配合轻剪整形，扩大树冠。同时，还要特别注意病虫害的及时防治。当新的高产稳产树冠已基本养成后，才可逐步投入正常的管理与采养工作。对补植或换种后的幼龄树应特别加强管理与剪、采、养相结合的护养工作，以加速幼树的成长。

对部分未老先衰、树势低矮的茶树，亦可在改园、改土与加强管理的基础上，采取封园留养与合理采养的办法，以复壮树势，提高单产。

第三节　茶树种植

一、种植前工作

1.整地　新茶园垦辟后，在茶树栽植前整理梯面，清除杂草、树根、石头等。并按横蓄水沟的设计规格与要求在梯面内侧修建，以利分段蓄水。

2.划茶行　距离梯沿80～100厘米平行划行。灌木型茶树行距1.3～1.5米，小乔木型茶树行距1.5～1.8米。茶树种植方式以单条列或双条列为宜。如梯层可种1行以上，则以外侧1行平行向内挖行，两端不得封闭。

3.开沟　根据已划好的茶行，挖深、宽各30～40厘米的种植沟（图2-10）。

4.施基肥　每亩施商品有机肥500千克或农家肥1 000千克和磷肥（过磷酸钙或钙镁磷肥）50千克左右作基肥（底肥）。有机肥

图2-10　开种植沟

图2-11　施底肥

或农家肥与磷肥混拌均匀施于沟底，覆盖细土5～10厘米厚（图2-11）。

二、茶树栽植

1.栽植时期　栽植应选择在阴天或雨后土壤湿润时进行。秋栽时期以寒露、霜降前后的小阳春气候为好；春栽时期以立春至惊蛰为好。

2.栽植方式　通常采用单行条植或双行条植方式。

①单行条植　灌木型茶树大行距1.3～1.5米，小乔木型茶树大行距1.5～1.8米；丛（株）距20～33厘米，每丛2株，每亩种植种苗2 500～3 500株。

②双行条植　灌木型茶树人行距1.3～1.5米，小行距30厘米左右，丛（株）距30～40厘米；小乔木型茶树大行距1.5～1.8米，小行距40厘米左右，丛（株）距30～40厘米；每丛2株，两行茶株按"品"字形种植，每亩种植种苗4 000～5 000株（图2-12）。

3.栽植技术　移苗时尽量多带土不损伤根部，如茶苗太高可于移栽前离地25～30厘米处平行修剪。茶苗应栽至比在苗圃时的入土深度稍深。栽植时，茶树根系自然伸展。种后覆土、压紧、踏实，浇足定根水，最后宜再覆盖一层松土，保持10～15厘米的浅沟。建议行间假植一些同品种、同规格的茶苗，以便以后缺

图2-12　茶树种植

图2-13　假植苗

株补苗（图2-13）。

<h2 style="text-align:center">第四节　栽后管理</h2>

一、抗旱保苗

1.及时浇水　茶树栽植后，根据天气情况，一般每隔5～7天浇水1次，直至茶苗成活。

2.土壤覆盖　茶树种植后当年夏季抗旱是保证成活率的关键，特别要注意水分管理。一般在茶树栽植后需要用稻草、绿肥、杂草、地膜等材料进行覆盖抗旱。例如，铺草覆盖时，每亩用草量至少1 000千克，铺草厚度10厘米左右（图2-14）。

二、杂草防除

新栽植茶园土质松软，肥料充足，地表裸露面大，容易滋生杂草。杂草与茶苗争肥争水严重，甚至会将茶苗覆盖，影响茶苗生长，甚至死亡。因此，可通过人工锄草、铺草覆盖、铺防草布等形式控制行间杂草。

1.人工锄草　使用阔口锄、刮锄等工具铲除茶树行间杂草，并将杂草深埋于土中，或直接曝晒在茶行间。对于茶树幼苗周围的杂草，可人工拔除（图2-15）；但在高温干旱的夏季，不宜在茶树幼苗根部拔草。

图 2-14　铺草覆盖

图 2-15　人工锄草

2.铺防草布 选择使用年限较长的PE80、PE90或PP85材质的黑色地布覆盖（图2-16）。秋季新植茶园覆盖地布可在翌年春季定型修剪、第一次浅耕施肥后进行；春季新植茶园覆盖地布可在茶树种植后立即进行；未封行茶园覆盖地布可于采茶后、修剪施肥完成后进行。

图2-16 茶园铺防草布

三、及时防治病虫害

幼年茶树出芽叶后，易受病虫害侵袭，要注意及时防治。

四、及时补苗

茶树种植后，难免有缺株，要抓住有利时机，及时补栽。

第三章　茶园土壤管理

　　土壤是茶树生长的立地之本，也是茶树优质、高产、高效的重要影响因素。茶树生长所必需的水分、营养元素等物质主要通过土壤进入茶树体内，茶园土壤质量好坏直接影响茶叶产量高低和品质好坏。茶园土壤管理的目标就是通过管理活动维持茶园的可持续利用，促进茶树健康生长，获得持续优质、高产，取得最大效益。茶园土壤管理具体包括耕作除草、土壤覆盖、施肥管理、水分管理和土壤改良等措施。

第一节　茶园耕作与除草

一、茶园耕作

　　茶树是多年生常绿作物，茶园合理耕作，既可以疏松茶园表土板结层，协调土壤水、肥、气、热状况，翻埋肥料和有机质，熟化土壤，增厚耕作层，提高土壤保肥和供肥能力，同时还可以消除杂草，减少病虫害发生。不合理的耕作，不仅破坏土壤结构，引起水土流失，加速土壤有机质分解消耗，还会损伤根系，影响茶树生长。因此，茶园耕作需要根据茶园特点合理进行，并与施肥、除草、灌溉等栽培措施密切结合，扬长避短，充分发挥其对提高土壤肥力、增加茶叶产量、提升茶叶品质的作用。

　　对土壤深厚、松软、肥沃，树冠覆盖度大，病虫草害少的茶园建议实行减耕或免耕。同时，耕作时应考虑当地降水条件，防止水土流失。

　　1.春茶前中耕　春茶前中耕可以疏松土壤，蓄积雨水，提高地温，去除早春杂草，是春茶增产的重要措施。茶园中耕在春茶采摘前40～50天，结合施催芽肥进行（图3-1）。耕作深度一般掌握在10～15厘米。耕作同时要把秋冬季在茶树根颈部防冻时所培高的土壤扒开，平整行间地面，并清理排水沟。

2.浅锄　茶园浅锄在春茶和夏茶结束后分两次进行，可结合茶园除草或追肥施用进行（图3-2）。春茶后浅锄，可以疏松土壤，增加雨水入渗，同时把追肥送入土壤；夏茶结束后浅锄，可切断土壤毛细管，减少水分蒸发，同时消灭杂草。耕作深度一般掌握在5～10厘米。

图 3-1　结合施催芽肥进行中耕　　　图 3-2　茶园浅锄

3.深耕　深耕对改善土壤的物理性状有良好作用（图3-3）。通过深耕可以提高土壤孔隙度，降低土壤容重，对改善土壤结构、提高土壤肥力有积极作用；但深耕对茶树根系损伤较大，对茶树生长和茶叶产量会产生影响，因此，深耕需根据茶园情况具体对待。

丛栽茶园株行距大，根系分布较稀疏，深度可深些，可达25～30厘米；条栽茶园行间根系分布多，深耕的深度应浅些，一般控制在15～25厘米，尤其是多条栽密植茶园，整个茶园行间几乎布满根系，为减轻对根系的伤害，生产上可采用1～2年深耕1次，并结合基肥施用进行的方法（图3-4）。

茶园深耕一般在全年茶季结束后进行，未采秋茶茶园可以提前至9月进行。

图 3-3　茶园深耕　　　　图 3-4　结合基肥施用进行茶园深耕

二、杂草防除

杂草是茶叶生产的大敌，对茶园危害极为普遍。它不仅与茶树争夺土壤养分，在天气干旱时抢夺土壤水分，而且还会助长病虫害的滋生蔓延，给茶树的产量和品质带来不利影响。

1.人工除草　可采用拔草、浅锄或浅耕等方法。在新茶园开辟或老茶园换种改植时，进行深垦可以大大减少茶园各种杂草的发生，这对茅草、狗牙草、香附子等顽固性杂草的根除也有很好的效果。对于生长在幼龄茶园的杂草或攀缠在成年茶树上的杂草，可人工拔除，并将杂草深埋于土中，或直接曝晒在茶行间，以免复活再生。

使用阔口锄、刮锄等工具进行浅锄除草，能立即杀伤杂草的地上部分，起到短期内抑制杂草生长的作用，尤其适合铲除一年生的杂草，但对宿根性多年生杂草及顽固性的蕨根、菝葜等杂草以深耕效果为好。

2.化学除草　主要指喷洒化学除草剂进行除草的方法。化学除草具有效果好、省工、省时、成本低的优点。除草剂的种类有很多，在茶园使用的除草剂应具有除草效果良好，对人、畜和茶树比较安全，对茶叶品质无不良影响，对周围环境较少污染的特点。

近年来，欧盟等对茶园中除草剂的选用有严格的限制，大部分除草剂不得在茶园中使用。因此，使用除草剂时应谨慎，根据最新的安全使用标准，选择合适的除草剂与用量。

3.行间铺草　茶园未封行前由于行间地面光照充足，杂草易滋生繁殖，影响茶树的生长。在茶园行间铺草，可以有效阻挡光照，被覆盖的杂草会因缺乏光照而黄化枯死，也可抑制茶树行间杂草生长（图3-5）。茶园行间覆盖可以是稻草、山地杂草，也可以是茶树修剪枝叶。一般来说茶园铺草越厚，抑制杂草发生的作用越强。

图 3-5　铺草覆盖茶园

三、绿肥套种

幼龄茶园和重修剪、台刈茶园及行间空间较大的成龄茶园，可以适当间作套种，这样不仅增加茶园有机肥来源，而且可以使杂草生长的空间大幅缩小（图3-6至图3-11）。绿肥的种类可根据茶园类型、生长季节进行选择。一般种植的绿肥应在生长旺盛期刈青后直接埋青或作茶园覆盖物。适宜茶园套种的部分绿肥品种见表3-1。

表3-1　适宜茶园套种的部分绿肥品种

作物名称	种植区域	种植季节
大豆	园面	夏秋
绿豆	园面	夏秋
圆叶决明	园面、梯壁	夏秋
花生	园面	夏秋
鼠茅草	园面	冬春
三叶草	园面	冬春

（续）

作物名称	种植区域	种植季节
油菜	园面	冬春
箭筈豌豆	园面	冬春
光叶苕子	园面	冬春
毛叶苕子	园面	冬春
紫花苜蓿	园面	冬春
小葵子	园面	冬春
黑麦草	园面	冬春
紫云英	园面	冬春
爬地兰	园面、梯壁	周年
百喜草	梯壁	周年
萱草	园面、梯壁	周年

图 3-6　幼龄茶园套种爬地兰

图 3-7　幼龄茶园冬春季间作油菜

图 3-8　幼龄茶园套种大豆

图 3-9　幼龄茶园行间种植圆叶决明

图 3-10 生产茶园间作油菜

图 3-11 绿肥刈青覆盖

第二节 茶园施肥

在茶树栽培过程中，通常是根据茶树营养特点、需肥规律、土壤供肥性能与肥料特性，运用科学施肥技术进行茶园施肥，以最大限度发挥施肥效应，达到满足茶树生育需要、提高鲜叶内在品质、改良土壤、提高土壤肥力的目的。

一、茶园的平衡施肥原则

茶园平衡施肥应把握以下几个原则：一是以有机肥为主，做到有机肥和无机肥（化肥）平衡施用，基肥以有机肥为主，追肥以化肥为主；二是以氮肥为主，做到氮、磷、钾肥与其他微量元素肥料施用相平衡；三是重视基肥施用，做到施足底肥，基肥与追肥施用相平衡，一般情况下基肥占全年总施肥量的40%，追肥占60%；四是以根部施肥为主，做到根部施肥和叶部喷施液肥相平衡。

二、肥料施用量

在确定茶园经济合理的施肥量时，要根据茶园土壤肥力水平、茶树树龄、茶叶产量、茶树生长势、耕作管理水平等因素加以综合分析。一般来说，茶树从小到大，肥料用量也随之增加；生产潜力低的茶园，找出低产原因后，随着生产潜力的提高，肥料用量也要随之增加。

茶苗种植前应深垦开沟施底肥。按快速成园的要求，应有大量的土杂肥或厩肥等有机肥料和一定数量的磷肥分层施入作基肥。一般施商品有机肥500千克/亩或农家肥1 000千克/亩和磷肥（过磷酸钙或钙镁磷肥）50千克/亩左右作底肥。

幼龄茶园因尚未开采，耗氮量不多，以培养健壮骨架与庞大根系为主要任务。氮磷钾三要素配合比例应特别增加磷、钾比重。一般幼龄茶园的三要素比例可采用1：1：1，1～2龄茶园纯氮用量3～5千克/亩，3～4龄茶园纯氮用量5～10千克/亩，5～6龄茶园纯氮用量10～15千克/亩。采摘茶园施肥量综合考虑茶树树龄、产量水平、土壤地力、制茶类型与品质要求等因素后再确定，不同生产茶园推荐施用氮磷钾比例和纯氮用量见表3-2。施肥过程中，要做到有机肥和化肥平衡施用。有机肥施用量占全年养分用量的20%～40%，有机肥养分计入全年养分用量。

表3-2 不同生产茶园推荐施用氮磷钾比例和纯氮用量

类　别	氮:磷:钾	全年纯氮用量（千克/亩）
生产绿茶茶园	1：（0.2～0.3）：（0.4～0.5）	15～20
生产红茶茶园	1：（0.3～0.4）：（0.4～0.5）	15～20
生产乌龙茶茶园	1：（0.2～0.3）：（0.3～0.4）	15～30
生产大宗茶茶园	1：（0.2～0.3）：（0.3～0.4）	20～30

三、茶园施肥技术

1.底肥　指开辟新茶园或改植换种时施入的肥料，主要作用是增加茶园土壤有机质含量，改良土壤理化性状，促进土壤熟化，提高土壤肥力，为茶树以后生长、优质、高产创造良好的土壤条件。茶园底肥应选用改土性能良好的有机肥，如纤维素含量高的绿肥、草肥、秸秆、堆肥、厩肥、饼肥等，同时配施磷矿粉、钙镁磷肥或过磷酸钙等。茶园开垦时，挖深宽均为30～40厘米的种植沟，施入底肥，覆盖10厘米左右厚度的细土后种植茶树（图3-12）。

图 3-12　施底肥

2. 基肥　指在茶树地上部年生长停止时施用的肥料，提供茶树能缓慢分解的营养物质，为茶树秋冬根系活动和翌年春茶生产提供物质基础，并改良土壤。

原则上，基肥施用应在茶树地上部分停止生长时进行，宜早不宜迟。基肥中氮肥的用量占全年用量的30%～40%，磷肥和微量元素肥料可全部作为基肥施用，钾、镁肥等用量不大时可全部作基肥，配合厩肥、饼肥、复合肥和茶树专用肥等施入茶园。在茶树树冠垂直投影下位置（封行茶园在茶树行间）开15～20厘米深沟施用或结合茶园深耕施用（图3-13）。

图 3-13　基肥施用（以有机肥为主）

3.追肥　　指在茶树地上部生长期间施用的速效性肥料，其主要作用是不断补充茶树营养，促进当季新梢生长，提高茶叶产量和品质。

一般生产茶园年施用追肥2～3次。第一次追肥是在春茶前，也称催芽肥，施用时间为春茶开采前30～45天，以氮肥为主，用量为全年氮肥用量的30%左右；第二次追肥于春茶结束后或春梢生长停止时进行，以补充春茶大量消耗的养分和确保夏秋茶正常生育，持续高产优质，以氮肥为主，用量为全年氮肥用量的15%～20%；第三次追肥在夏季采摘后或夏梢基本停止生长后进行，以氮肥为主，用量为全年氮肥用量的15%～20%（图3-14）。

图 3-14　茶园追肥（以氮肥为主）

4.根外施肥　　主要指叶面施肥，作为根部施肥的重要补充，具有用量少、养分利用率高、施肥效益好等特点，对于施用易被土壤固定的微量元素肥料非常有利，但不能替代根部施肥（图3-15）。目前茶树上用于叶面肥追施的肥料主要有：大量元素肥料、微量元素肥料、有机液肥、生物菌肥、生长调节剂以及专门型和广谱型叶面营养物。

图 3-15　喷施叶面肥

茶树根外肥的施用浓度和肥料品种与天气条件等有关。根外施肥应注意以下事项：一是在喷肥时，要正反叶面同时喷匀，特别是要注意背面的喷施；二是与农药配合喷施时，要注意农药与肥料的化学性质，以免引起化学反应，降低肥效和药效；三是注意天气的变化，既要防止高温曝晒引起水分蒸发过快而迅速改变肥料浓度，也要防止下雨肥料被雨水冲刷，影响肥效。

第三节　茶园水分管理

"有收无收在于水，收多收少在于肥"。水不仅是茶树机体的构成物质，也是其各种生理活动必需的溶剂，是生命现象和代谢的基础。如何通过保水和供水措施，有效进行茶园水分管理是实现茶叶高产、优质、高效的关键技术之一。

一、茶园保水

1.扩大茶园土壤蓄水能力的主要措施

（1）深耕改土　不同土壤保水蓄水能力和有效水含量都不一样，黏土和壤土的有效水范围大，沙土最小。通过深耕、客土种植、增施有机肥等措施，可增加有效土层厚度、改善土壤质地，提高茶园土壤的保水蓄水能力。

（2）健全茶园保水蓄水措施　坡地茶园上方和园内设截水横沟，并做成竹节沟形式，能有效拦截地表径流，提高雨水蓄积能力。新建茶园采取水平梯田式能显著增强茶园蓄水能力。另外，山坡地段较长时，适当加设蓄水池，对增强茶园蓄水能力也有一定效果。

2.控制茶园土壤水的散失

（1）地表覆盖　地表覆盖是减少茶园水分散失的重要方法，铺草覆盖是最常用方法。

（2）合理间作　虽然茶园间（套）种本身要消耗一部分土壤

水，但相对于裸露地表，仍可不同程度地减少水土流失，同时也有利于改善茶叶品质。

（3）耕锄保水　及时中耕除草，不仅可避免杂草对水分的消耗，同时可阻断土壤毛管水向上运输，有效地减少土壤水的直接蒸散。

（4）造林保水　在茶园附近，尤其是坡地茶园的上方，适当建造行道树、水土保持林，或者园内栽遮阴树，不仅能涵养水源，而且能有效增加空气湿度，降低风速和减少日光直射时间，从而减弱地面水分蒸发。

（5）其他农艺措施　适当修剪一部分枝叶可减少茶树蒸腾水；利用定型和整形修剪的枝叶回园覆盖地面，不仅能减少杂草和地面蒸散耗水，也能有效阻止地表径流。

二、茶园灌溉

1.灌溉适期　在茶树尚未出现因缺水而受害的症状之时，即土壤水仅减少至适宜范围的下限附近，但不低于下限之时，就应补充水分。一般以田间持水量的70%作为茶园土壤含水量的下限，低于田间持水量的70%时即开始灌溉。

2.灌溉水源　要求含盐量少，呈微酸性，无泥沙，水温适宜，符合灌溉水要求。

3.灌溉方式

（1）浇灌　一种最传统的、劳动强度最大的补水方式。不宜大面积采用，仅在未修建其他灌溉设施、临时抗旱时局部使用，但也相对具有水土流失小、节约用水等特点。

（2）流灌　靠沟、渠、塘（水库）或抽水机埠等组成的灌溉系统进行。茶园流灌能做到一次彻底解除土壤干旱。但水的有效利用系数低，灌溉均匀度差，容易导致水土流失，且庞大的渠系占地面积大，影响耕地利用率。

（3）喷灌 是目前普遍采用的灌溉方式（图3-16），主要分为移动式喷灌、固定式喷灌和半固定式喷灌。移动式喷灌：将柴油机或电动机、水泵、管道、喷头等组装成一个整体机组，装于小车或可抬机架上，是能自由移动的喷灌系统，机动性强，投资少。固定式喷灌：由水源、动力机、水泵构成泵站，或利用足够高度自然水头，干、支管甚至喷头均固定安装组成的固定喷灌系统，操作简便，机械化、自动化程度高，但投资和耗材多，成本高。半固定式喷灌：是由固定泵供水或直接利用自然水头，与埋在地下干管连接，而支管、竖管和喷头可移动的喷灌系统，投资和耗材介于上述两种之间。

图 3-16 茶园喷灌

（4）滴灌 滴灌是将水在一定的水压作用下通过一系列管道系统，进入埋于茶行间土壤中（或置于地表）的毛管（最后一级输水管），再经毛管上的吐水孔（或滴头）缓慢进入（或滴入）根际土壤，以补充土壤水分的不足。这种灌溉方式能相对稳定地将土壤含水量控制在最适宜范围，具有用水经济、不破坏土壤结构和方便田间管理等特点，还可以配合均匀施肥和药杀地下害虫进行；但不利于茶园机械化作业。

三、茶园排水

要使茶园涝时能排，必须建立良好的茶园排水系统。茶园排水系统的设置要兼顾灌溉系统的要求，平地茶园的排灌系统应有机融为一体（图3-17）。坡地茶园一般设主沟、支沟和隔离沟，平地茶园一般设主沟、支沟、地沟和隔离沟。凡易发生湿害的茶园要因地制宜地做好排湿工作。

图 3-17　平地茶园设置排水沟

第四章　茶树树冠管理技术

茶树树冠培养是茶园综合管理中的一项主要栽培技术。它是根据茶树生长发育规律、外界环境条件变化和人们对茶园栽培管理要求，人为修剪茶树部分枝条的技术，以改变原有自然生长状态下的分枝习性，塑造理想树形，促进营养生长，延长茶树经济年龄，从而培育出持续优质、高产、高效生产的茶树树冠。茶树树冠管理主要包括茶树修剪和茶叶采摘。

第一节　茶树修剪

修剪是茶树栽培管理中的一项重要技术措施。它是依据茶树生长发育的内在规律，结合不同生态条件、栽培方式、管理条件和生产茶类等，控制和刺激茶树营养生长的一种重要手段。修剪有利于保持树势健壮，延长茶树的经济年龄，保证茶叶高产、稳产、优质生产，同时也为茶园管理、采摘机械化提供条件。

一、定型修剪

茶树的定型修剪指采用修剪的方式塑造一定的树型。茶树的定型修剪不仅指对幼龄茶树的定型修剪，也包括衰老茶树改造后的树冠重塑。

幼龄茶树定型修剪是抑制茶树顶端生长优势，促进侧枝生育和腋芽萌发；培养骨干枝，增加分枝层次，达到培养茶树形成"壮、宽、密、茂"的树型结构，扩大采摘面，增强树势的目的，为高产、稳产、优质生产打下基础。幼龄茶树应通过 3 ~ 4 次定型修剪，以培养高产、优质采摘树冠；台刈茶园一般需要经过2～3次定型修剪，以培养高产、优质采摘树冠。

图4-1　第一次定型修剪

1.定剪时间　一年春、夏、秋季皆可进行定剪，但以春茶茶芽萌发前的早春2—3月进行为宜，冬季不适宜定型修剪（图4-1）。一些生长迅速的品种还可于7月进行第二次定剪，即一年定剪两次。

2.定剪高度　因茶树品种及茶树生长情况不同而不同。第一次定剪在茶树高30厘米以上时进行，离地15～20厘米处水平剪去；第二次在原剪口处提高15～20厘米（离地30～40厘米）处剪去；第三次在离地55～60厘米处剪去；第四次在离地60～70厘米处剪弧形或水平，培养采摘面。

3.定剪次数　根据茶树品种、茶树高度与分枝情况而定。一般新种植茶树需要经过3～4次定剪；一般一年定剪1次，如茶园土壤肥沃，茶树生长迅速，亦可定剪2次。

4.剪后管理　剪后要加强管理，增施肥料，加强病虫害防治，以保证剪后萌发生长。幼龄茶树采取"以养为主，适当打顶"的采养方法，可在茶梢生长达到定剪高度以上时进行打顶采，坚决防止早采、强采和乱采。

二、采摘茶园修剪

开采的青壮年茶园，经多次采摘，树冠面参差不齐，形成鸡爪枝。对此，可根据具体情况，进行轻修剪或深修剪。对于树势衰老的茶园，可根据树势衰老程度，"因树制宜"地采用台刈或重修剪，改变茶树衰老与低产现象，以更新树冠，促使树势复壮，扩大采摘面，提高产量。

1.轻修剪　轻修剪是在完成茶树定型修剪以后，培养和维持茶树树冠面整齐、平整，调节生产枝数量和粗壮度，便于采摘、管理的一项重要修剪措施（图4-2）。较多的是将树冠面上突出的部分枝叶剪去，整平树冠面，修剪程度较浅。为了调节树冠面生产枝的数量和粗度，则剪去冠面3～10厘米的叶层，修剪程度相应较重。

2.深修剪　当树冠面经过多次的轻修剪和采摘以后，树冠面上的分枝愈分愈细，在其上生长的枝梢细弱而密集，形成较多鸡爪枝时，在茶叶采摘后或春茶萌发前剪去树冠10～15厘米（图4-3）。

图4-2　轻修剪

图4-3　深修剪

3.重修剪　对树势衰老，生长逐年衰退，枯枝、病虫枝增多，萌发能力减退，对夹叶不断出现，产量逐年下降的半衰老茶树，以及树势矮小、萌发无力、产量无法提高的未老先衰茶树，采用重修剪来提高树势（图4-4）。树势较衰老、茶丛低矮的灌木状茶树以剪去原树高的2/3为宜；树势尚壮或较高大的半乔木状茶树，以剪去原树高的3/5为宜。重修剪一般在春茶后或早秋进行。重修剪时可用重剪刀或整枝剪，剪成平面略带弧形，修去下部的病虫枯枝与部分细弱枝，切口平滑稍斜，切忌破裂。

图4-4　重修剪

4.台刈　对树势衰老、树干灰白或枝条上地衣苔藓多、芽叶稀少、多数枝条丧失育芽能力、单产极低的茶树，一般在离地面5～10厘米处用利刀台刈，要求剪口平滑，防止破裂，发现虫眼应捕杀害虫（图4-5）。台刈宜在春茶前、后进行。台刈后的茶树会抽发大量新枝，应进行疏枝，留养5～8条粗壮枝，从翌春茶后开始进行为期2～3年的定型修剪，培养树冠。

图4-5　台　刈

三、茶树修剪应配合的技术措施

1.与肥水管理密切配合　修剪虽然是保证茶叶生产的一项重要措施，但它必须在提高肥水管理及土壤管理基础上，才能充分发挥增产作用（图4-6）。修剪对茶树生长来说，显然是一次创伤。每经历一次修剪，被剪枝条消耗很多养分，修剪后又要抽发大量新梢，这在很大程度上有赖于根部贮存的营养物质。为了使根系不断供应地上部再生生长，并保证根系自然生长，就需要足够的水肥供应，这时加强土壤管理就显得格外重要。因此，剪前要深施较多的有机肥料和磷肥，剪后待新梢萌发

图 4-6　台刈茶园追肥

时，及时追施催芽肥，只有这样，才能促使新梢健壮，茶树尽快转入旺盛生长阶段，充分发挥修剪的应有效果。

2.与采留相结合　幼龄茶树树冠养成过程中骨干枝和骨架层的培养主要靠3次定型修剪。宽大的采摘面和茂密的生产侧枝来自合理的采摘和轻修剪技术。定型修剪茶树，在采摘技术上要应用"分批留叶"采摘法，要多留少采，做到以养为主、采摘为辅、打头轻采、采养结合。

3.注意病虫害防治　树冠修剪或更新后，一般都经一段时间的留养，这时枝叶繁茂，芽梢柔嫩，容易滋生病虫害，特别是喜为害嫩梢新叶的蚜虫、茶小绿叶蝉、茶尺蠖、茶细蛾、茶卷叶蛾以及芽枯病等，必须对其及时防治。对于衰老茶树更新复壮时刈割下来的枝叶，应及时清出园外集中处理，并对树桩及茶丛周围的地面进行一次彻底喷药防治，以减少病虫害发生。

第二节　茶叶采摘

茶叶采摘是茶树收获的过程。茶叶的采摘比一般大田作物的收获复杂得多。茶叶采摘是否科学，直接关系到茶叶产量高低和品质优劣，同时也关系到茶树生长的盛衰、经济生产年限的长短。在茶叶采摘过程中，要兼顾采茶与养树之间的矛盾，芽叶数量与

质量之间的矛盾。

一、采摘标准

茶叶采摘标准必须根据各类茶相对应的原料要求确定。

1.名优茶的细嫩采标准　细嫩采一般是指采摘单芽、一芽一叶以及一芽二叶初展的新梢，这是多数名优茶的采摘标准。

2.大宗茶类的适中采标准　适中采是指当新梢伸长到一定程度时，采下一芽二叶、一芽三叶和细嫩对夹叶。

3.乌龙茶类的开面采标准　乌龙茶加工工艺特殊，其采摘标准是小开面至大开面2～4叶或同等嫩度对夹叶。

二、开采期

名优茶生产中，一般在茶树冠面每平方米有10～15个符合标准要求的芽叶时开采较为合适。对于采用手工采摘的大宗红、绿茶，春茶以树冠面上10%～15%的新梢达到采摘标准时，即可开采；夏、秋茶以5%～10%的新梢达到采摘标准时，即可开采。乌龙茶生产中，春茶以树冠面上60%～70%的新梢达到采摘标准时开采；夏、秋茶以40%～60%的新梢达到采摘标准时，即可开采。

三、采摘技术

1.手采技术

（1）折采　又称掐采，这是细嫩标准采摘时所应用的手法。左手接住枝条，用右手的食指和拇指夹住细嫩新梢的芽尖和一二片细嫩叶，力道适中将芽叶折断采下。

（2）提手采　是手采中最普遍的方式，大部分茶区的红、绿茶采摘都用此法。掌心向下或向上，用拇指、食指配合中指，夹住新梢所要采的部位向上着力采下。

（3）工具采　指在乌龙茶采摘中，常借助剪刀或小刀等工具进行手采的方法。

2.机采技术

（1）单人采茶机　每台单人采茶机配备2～3人，主机手背负采茶机动力，手拿采茶机头，由茶树边缘向中心采摘，副机手手持集叶袋，配合主机手采摘（图4-7）。采摘作业中，保持采茶机动力中速运转，每

图4-7　单人采茶机采茶

分钟前进30米左右。采口高度根据留养要求掌握，留鱼叶采或在上次采摘面上提高1～2厘米采摘。

（2）双人采茶机　每台双人采茶机配备3～5人，主机手后退作业，掌握采茶机剪口高度和前进速度，副机手双手紧握机器把手，侧身作业，其他作业者手持集叶袋，协助机手采摘或装运采摘叶（图4-8）。每行茶树来回各采摘1次，过程采摘树冠中心线5～10厘米，回程再采取剩余部分，两次采摘高度保持一致，防止树冠中心部被重复采摘。

图4-8　双人采茶机采茶

第五章 茶园主要病虫害及其防治方法

第一节 茶园主要病害及其防治方法

　　茶树种植在我国分布广泛，遍及热带、亚热带及暖温带的20多个省份。由于气候、环境、品种、种植方式等差异，茶园的生物群落结构复杂、生物种类和数量多样，为茶园有害生物的发生提供了生存条件。据不完全统计，我国有记载的茶园病害有130多种。本节重点介绍茶园常见13种主要病害的生物形态或为害状及综合防治技术措施，做到对症下药、精准施治。

一、茶云纹叶枯病

　　茶云纹叶枯病又名茶叶枯病，俗称茶瘟、茶疡，我国各产茶区均有发生。主要为害成叶，其次为害嫩叶、枝条、果实；严重时，枯褐叶片遍布树冠并陆续脱落，新梢芽小叶薄，产量大减（图5-1）。

　　1.症状　叶尖、叶缘现淡黄绿色、水渍状病斑，渐扩大

图5-1　茶云纹叶枯病为害症状

变褐色，附近组织萎凋，嫩叶变黑褐色枯死。成叶上的病斑不规则或呈弧形，从中央向边缘渐呈灰褐色至灰白色，上布小黑点或现云状、波状轮纹，小黑点沿轮纹分布，病叶背部淡黄褐色，微现小黑点，边界明显。

2.病原 该病病原菌属子囊菌，病原菌有性态为山茶球腔菌（*Guignardia camelliae* Butler），无性态为山茶炭疽菌（*Colletotrichum camelliae* Massee）。

3.发病规律 该病以菌丝体或分生孢子盘在树上受害组织或土表落叶越冬。翌年春天形成分生孢子，遇水萌发，从表皮、气孔或锯齿部侵入，5～18天出现新病斑，以后再次产生分生孢子，随风吹、雨溅及昆虫带菌传播蔓延。气温27～29℃、相对湿度80%以上时，最适宜发病。

4.防治方法 ①茶季结束后，摘除病叶，清除地面落叶集中处理，以减少翌年初侵染源。②勤除杂草，配施磷钾肥，促使茶树生长健壮，以增强抗病力。③发病盛期前，可选用75%百菌清800～1 000倍液或50%多菌灵1 000倍液，或70%甲基硫菌灵1 500倍液，或10%多抗霉素500～1 000倍液进行防治。非采摘茶园可喷施0.7%石灰半量式波尔多液，15天后酌情再喷1次。

二、茶炭疽病

茶炭疽病又名茶赤枯病、茶褐斑病，分布普遍。主要为害成叶，严重时常致大量落叶，影响产量；苗地发病时，常迅速蔓延至落叶，影响茶苗质量和出圃率（图5-2）。

1.症状 病斑多从叶缘或叶尖产生，初为褐绿色水渍状圆点，后渐扩大成黄褐色或淡褐色不规则大病斑，常以主脉为界，占半叶，病斑最后变灰白色，上面散生细小黑点，边

图5-2 茶炭疽病为害症状

缘有黄褐色隆起线，与健康部位分界明显。

2. **病原** 该病病原菌为 *Gloeosporium theae sinensis* Miyake，属半知菌。

3. **发病规律** 以菌丝体或分生孢子盘在病叶上越冬，翌年气温升至20℃、相对湿度大于80%时产生分生孢子，借雨滴的溅散传播。温度25～27℃，高湿条件下最有利于病菌的发育和再侵染。

4. **防治方法** ①加强茶园管理，增施磷钾肥，提高茶树抗病力。②及时清理病叶，防止病菌传播。③茶季结束后或春茶萌芽前，喷施0.6%～0.7%石灰半量式波尔多液预防。④发病初期喷施1～2次70%甲基硫菌灵1 000～1 500倍，或75%百菌清500～800倍液，或65%代森锌可湿性粉剂400～600倍液进行防治。

三、茶轮斑病

茶轮斑病又名褐色叶枯病、焦灰病、茶梢枯死病，分布普遍。主要为害成叶和老叶，也可为害芽梢，严重时病叶早落（图5-3）。

1. **症状** 症状分轮纹型和云纹型。轮纹型产生在成叶和老叶上，常先从叶尖、叶缘向内或伤口向四周产生黄绿色小斑点，后扩大为圆形、椭圆形甚至不规则形的褐色大型病斑，

图5-3 茶轮斑病为害症状

边缘有褐色线状隆起明显边界。后期病斑中央变灰白色与灰褐色相间的同心圆状轮纹，在潮湿条件下沿轮纹出现浓黑色墨汁状小粒点，背面灰褐色，轮纹不明显。云纹型病斑产生在嫩叶上，多从叶缘开始向内扩大，形成灰色与褐色不均匀云状，无明显轮纹，

边缘只有褐色晕，无明显边缘，病斑常相互连合，甚至叶片大部分布满褐色枯斑。

2．病原　该病病原菌为*Pestalotiopsis theae* Steyaert，属半知菌。

3．发病规律　高温高湿型病害。菌丝体或分生孢子盘在病叶、病梢内越冬，翌年环境适宜时，形成分生孢子，借气流、风、雨、虫等传播。一般在高温高湿的夏秋季节发病较重，管理粗放茶园、衰老茶园、排水不良茶园、密植和扦插苗圃易发病。

4．防治方法　①加强茶园管理，培育壮树，提高抗病力。②建设茶园排灌系统，促进排水、通风、透光，降低湿度。③机采、修剪后及时喷药保护，减少病害侵染机会。④发病初期，可间隔10天左右喷施50%苯菌灵和多菌灵1 000倍液、75%百菌清600～800倍液或80%敌菌丹2 000倍液进行防治。

四、茶白星病

茶白星病又名点星病，分布各茶区（图5-4）。

1．症状　主要为害嫩叶和新梢。初见针头大小的褐色小点，后渐扩大成圆形小病斑，直径0.3～2.0毫米，中央凹陷呈灰白色，病斑边缘暗紫褐色，周围有黄色晕圈。后期病斑互相合并成不规则形大斑，病斑

图5-4　茶白星病为害症状

上散生黑色小粒点。严重时叶片常出现扭曲，病部叶片枯死。

2．病原　该病病原菌为*Phyllosticta theaefolia* Hara，属半知菌。

3．发病规律　该病属低温高湿型病害。菌丝体或分生孢子器在病叶、新梢或落叶上越冬，翌年春季，当气温升至10℃以上时，在水湿条件下，病斑上的分生孢子，借风雨传播，从幼嫩芽梢气

孔或叶背茸毛基部细胞侵入完成侵染。低温多雨春茶季节，最易引起病害流行。高湿多雾气温偏低的高山茶区和树势弱、幼龄茶园容易发病。

4.防治方法　①加强管理，增施磷钾肥，合理采摘，增强树势，提高抗病力。②发病严重的茶区在鱼叶展开期喷药保护，可选用70%甲基硫菌灵或50%多菌灵1 000倍液，隔7～10天再喷1次。非采茶期或幼龄茶园可喷施0.6%～0.7%石灰半量式波尔多液进行防治。

五、茶圆赤星病

茶圆赤星病又称茶褐色圆星病，分布各茶区（图5-5）。

1.症状　主要为害成叶和嫩叶。病斑直径0.8～3.5毫米，边缘有暗褐色至紫褐色隆起线，中央凹陷呈灰白色，后期病斑中央散生黑色小点（菌丝块），潮湿时，病斑上常有灰

图5-5　茶圆赤星病为害症状

霉层（子实层）。一片叶上的病斑数有时多达数十个，合并成不规则大斑，并蔓及叶柄、嫩梢，引起大量落叶。

2.病原　该病病原菌为*Cercospora theae* (Cav.) Breda，属半知菌。

3.发病规律　该病属低温高湿型病害。菌丝块在病叶或落叶中越冬，翌年春季气温升至10℃以上时，在水湿条件下，病斑上形成分生孢子，借风雨传播，从嫩梢气孔或叶背茸毛基部细胞侵入完成侵染。低温持续多雨春茶季节，最易引起病害流行。高湿多雾气温偏低的高山茶区和树势弱、幼龄茶园容易发病。

4.防治方法　参考茶白星病进行防治。

六、茶煤病

茶煤病又名煤污病，俗称乌烟、乌油。茶煤病影响茶树叶片光合作用，抑制芽梢生长，茶叶产量、品质降低，严重时树势衰弱甚至整树枯死（图5-6）。

图 5-6 茶煤病为害症状

1.**症状** 枝叶表面初生黑色圆形或不规则小斑，以后渐渐扩大连片，布满叶面，形成一层黑色、褐色或黑褐色霉层。茶煤病的种类多，不同种类表现霉层的颜色深浅、厚度及紧密度不同。常见的浓色茶煤病的霉层厚而疏松，后期生黑色短刺毛状物。

2.**病原** 该病病原菌多属子囊菌，主要有 *Neocapnodium theae* Hara。

3.**发病规律** 以菌丝体或子实体在病枝、病叶中越冬，翌年早春在霉层上形成孢子，借风雨飞散，病菌从粉虱、蚧类或蚜虫的排泄物上吸取养料，附生于茶树枝叶上，并通过害虫的活动传播病害。该病大部分病原菌都是表面附生菌，上述害虫的存在是煤病发生的先决条件。荫蔽潮湿和虫害严重的茶园易发病。

4.**防治方法** ①加强茶园粉虱、蚧类和蚜虫防治，是预防茶煤病的根本措施。②加强茶园管理，修边通风，增强树势。③在早春或深秋茶园停采期，喷施0.5波美度石硫合剂，防止病害扩展，还可兼治蚧、螨；也可喷施0.7%石灰半量式波尔多液，抑制病害发展。

七、茶芽枯病

1.症状 病斑开始在叶尖或叶缘发生，呈黄褐色，以后扩大呈不规则形状，无明显边缘。后期病斑上散生黑褐色细小粒点，病叶易破裂扭曲，病芽萎缩难以伸展，呈黑褐色枯焦状（图5-7）。

图5-7 茶芽枯病为害症状

2.病原 该病病原菌为 *Phyllosticta gemmiphliae* Chen，属半知菌。

3.发病规律 该病是低温病害。以菌丝体和分生孢子器在老病叶或越冬芽叶中越冬，翌年气温上升至10℃左右时形成孢子并在水湿中释放、传播，侵染幼嫩芽叶，2～3天后出现新病斑，后扩展蔓延。春茶萌芽期开始发病，春茶盛采期为发病盛期，气温达29℃以上时停止发病。

4.防治方法 ①春茶宜早采、嫩采、勤采，减少病菌侵染。②春茶萌芽期喷施70%甲基硫菌灵1 000～1 500倍液或50%多菌灵800倍液防治。停采茶园可喷洒1%石灰半量式波尔多液进行保护。

八、茶饼病

茶饼病又名茶叶肿病（图5-8）。

1.症状 初期叶上出现淡黄色水渍状小斑，后渐扩大为淡黄褐色斑，边缘明显，正面凹陷，背面突起呈饼状，上生灰白色粉状物，后转为暗褐色溃疡状斑，发生严重时，卷曲畸形，病叶枯落。嫩梢受害则上部全部枯死。

2. **病原**　该病病原菌为 *Exobasidium vexans* Massee，属担子菌。

3. **发病规律**　该病属低温型病害。以菌丝体在病叶中越冬或越夏。春秋季温度15 ～ 20℃、相对湿度85%以上时产生担孢子，担孢子成熟后随气流风雨传播，在水膜中发芽，侵入新梢嫩叶组织，产生新病斑。气温35℃以上病菌担孢子致死。3—5月和9—10月是为害严重期。

4. **防治方法**　①加强茶园管理，增施磷钾肥，分批多次采叶。②冬季或早春适当修剪，摘除病叶，减少病菌基数。③喷施70%甲基硫菌灵或20%三唑酮1 000倍液，10 ～ 15天再喷1次。非采摘期或幼龄茶园可用0.6% ～ 0.7%石灰半量式波尔多液进行防治。

图 5-8　茶饼病为害症状

九、茶网饼病

茶网饼病又名白网病，分布各茶区（图5-9）。

1. **症状**　叶面先出现淡绿色针头状斑，边缘不明显，渐扩大成暗褐色不规则病斑，病叶变厚，叶背沿叶脉出现网状突起。病斑上生白色粉状物，后期病斑呈紫褐或紫黑色，网纹变成黑褐色，以致叶枯脱落。

2. **病原**　该病病原菌为 *Exobasidium reticulatum* Ito et Sawl，属担子菌。

3. **发病规律**　该病属低温型病害，发病条件和茶饼病很相似。春秋雨季气温约20℃时适宜发病。茶网饼病病菌可以由叶片通过叶柄蔓延至嫩茎部，引起回枯症状；也可从落叶的叶柄处侵入引起枝枯。后期常与云纹叶枯病、轮斑病同时发生。

图5-9　茶网饼病为害症状

4. **防治方法**　①增施磷钾肥，提高茶树抗病力。②间隔5～7天喷施75%百菌清600倍液2～3次；非采摘茶园可使用0.6%石灰半量式波尔多液进行防治。

十、茶藻斑病

茶藻斑病又名白藻病，分布普遍（图5-10）。

1. **症状**　以叶面为主，叶背较少。先散生针头状、黄褐色或灰白色附着物，并逐渐呈放射状扩大成直径1～10毫米、灰绿色或黄褐色、有纤维状纹，边缘不整齐的毡状物，最后毡状物表面平滑略突起，呈暗褐色或灰白色。

2. **病原**　该病病原为一种寄生性绿藻，学名 *Cephaleuros viorescens* Kunze。

3. **发病过程**　病叶上寄生性绿藻的营养体越冬后，在阴湿处产生游动孢子，随风雨传播侵染，产生新营养体后再依此循环侵染。

4. **防治方法**　①改善茶园日照条件，通风降湿。②参照茶饼病喷药防治。

图 5-10　茶藻斑病为害症状

十一、苔藓

苔藓俗称青苔、青藓，分布普遍，尤其在高山及背阴老茶园发生较多（图5-11）。

1.**症状**　绿色、黄绿色、棕绿色的苔状物或丝状物，从茶树茎部逐渐蔓延附着、包围在茶枝上。

2.**病原**　一般茶树上呈青苔状的是苔，绿丝状的是藓。

3.**发病过程**　2—3月假茎产生孢子飞散侵染。

图 5-11　苔藓

4.**防治方法**　①重修剪或台刈更新茶树。②冬季采用C形侧口的竹刮刮除，或用2%硫酸亚铁溶液刷灭。

十二、地衣

茶树的地衣俗称茶衣、茶木耳，分布普遍（图5-12）。

1.症状 青灰色的叶状体平铺、紧贴或呈细枝状附着在茶树枝干上，逐渐扩展至遍布全树枝干。

2.病原 地衣是真菌和藻类的共生体。真菌以菌丝吸取茶树的水分养料，藻类以叶绿素制造有机物，互相供给生长。

图 5-12 地 衣

3.发病过程 地衣以分裂的碎片或粉状的粉芽借风雨传播侵染。

4.防治方法 参照苔藓进行防治。注意茶园清洁，勤除杂草；冬季可用石灰土碱水刷灭，或1%波尔多液喷施防治。

十三、菟丝子

菟丝子俗称无头藤、黄鳝藤，常见有日本菟丝子和中国菟丝子，为害茶树的主要是日本菟丝子（图5-13）。

1.症状 以藤茎缠绕茶树主干和枝条，被缠的枝条产生缢痕，藤茎在缢痕处形成吸盘，吸取树体的营养物质，藤

图 5-13 菟丝子

茎生长迅速，不断分枝攀缠茶枝条，并彼此交织覆盖茶树冠，形似"狮子头"。严重时影响茶树叶片的光合作用，茶树叶片黄化、脱落，树势衰退，甚至造成茶树枝梢干枯或整株枯死。

2.病原　日本菟丝子（*Cuscuta japonica* Choisy）和中国菟丝子（*Cuscuta chinensis* Lam.）。

3.发病规律　以成熟种子脱落在土壤中休眠越冬，翌年春季长出淡黄色细丝状的幼苗，藤茎上端部分作旋转向四周伸出，遇树紧贴缠绕并在寄主的接触处形成吸盘吸取水分和养料，此后下端枯断离土，上端不断生长、分枝蔓延为害。种子传播、藤茎缠绕蔓延和断藤茎再寄生是菟丝子的扩散方式。

4.防治方法　①人工拔除菟丝子幼苗，或在种子未成熟前结合修剪，清除菟丝子藤茎花果。②在菟丝子幼苗缠绕寄生前，喷施10%草甘膦水剂400～600倍液防治。

第二节　茶园主要虫害及其防治方法

我国是世界上最早发现和利用茶树的国家。我国茶区分布范围极广，从北纬18°（海南三亚）至36°（山东崂山）、东经94°（西藏林芝）至122°（台湾东部海岸）的地域共有20多个省份栽种茶树。由于气候、环境、品种、种植方式的差异，使得各地茶园虫害种类、发生规律和为害程度也有所不同。据不完全统计，我国有记载的茶树害虫、害螨有800多种，给茶树生长和茶叶生产带来了不同程度的影响。本节重点介绍茶园常见的21种主要害虫的生物形态或为害状及综合防治技术措施，便于生产者在生产中识别与防治。

一、茶橙瘿螨

1.发生为害　茶橙瘿螨又名粉红螨，分布各茶区。主要以成、若螨吸食成叶及嫩叶汁液，致使被害叶片渐失光泽，叶色呈黄绿色或红铜色，叶正面主脉发红，叶背出现褐色锈斑，叶片向上卷曲，顶芽萎缩（图5-14）。

2.识别特征　成螨体小，黄色或橙黄色，呈胡萝卜形，长约0.14毫米，足2对，腹部密生皱褶环纹（背面约30个），腹末有1对刚毛。幼、若螨体色浅，呈乳白至浅橙黄色，体形与成螨相似，腹部环纹不明显。

3.生活习性　该虫1年发生20多代，世代严重重叠。5—6月和高温干旱期后为全年两次明显高峰发生期。

4.防治方法　①分批多次嫩采可减少虫口数。②喷施20%哒螨灵2 000～3 000倍液，或73%炔螨特2 000倍液，或2.5%联苯菊酯800～1 000倍液等进行防治。非采摘茶园和秋茶结束后，可喷施0.5波美度石硫合剂防治。

图 5-14　茶橙瘿螨为害状

二、茶叶瘿螨

1.发生为害　茶叶瘿螨又名紫螨，各茶区分布普遍。主要为害成叶和老叶，以成螨和幼、若螨吸食茶叶汁液，被害叶片渐失光泽呈紫铜色，叶面密布白色尘状蜡质蜕皮壳，叶质脆易裂，严重时大量落叶（图5-15）。

2.识别特征　成螨紫黑色，体长近0.2毫米，长卵形，足2对，腹部有皱褶环纹，体背有5条纵列的白色絮状物，体两侧各有排成一列的刚毛4根，腹末另有刚毛1对。幼、若螨淡紫褐色，形似成螨，背面白色絮状物和腹部环纹不明显。

3.生活习性　该螨1年发生10多代，重叠发生，高温干旱对其生育有利，7—10月发生最盛。雨季对生育不利，虫口数量极少。

4.防治方法　参考茶橙瘿螨防治方法。

图 5-15　茶叶瘿螨为害状

三、茶跗线螨

1. 发生为害　茶跗线螨又名侧多食跗线螨、茶半跗线螨、茶黄螨、茶黄蜘蛛。成螨和幼、若螨栖息于茶树嫩芽叶背面吸汁为害，受害叶背面出现铁锈色，叶片硬化增厚，叶尖扭曲畸形，芽叶萎缩（图5-16）。

2. 识别特征　雌成螨椭圆形，半透明，乳黄色或浅黄色，体长0.20～0.25毫米，第四对足纤细。雄成螨体扁平，体长约0.17毫米，尾端稍尖锐，第四对足粗长。幼螨孵化呈近圆形，乳白色，体长约0.1毫米，足3对。若螨乳白色，近椭圆形，中部较宽，尾部稍尖，有

图 5-16　茶跗线螨为害状

云状花纹。

3. **生活习性** 该螨食性广,趋嫩性极强,主要为害初展的一芽二叶。两性生殖,1年发生20～30代,雄成螨常背雌若螨,待其成螨后即与其交配产卵,卵单粒散产在嫩叶叶背。高温干旱的气候环境有利其发生,一般夏秋茶发生较为严重。

4. **防治方法** ①及时采摘,勤除杂草,以减少虫口数量。②在发生期及秋茶结束后进行喷药防治,药剂选用参考茶橙瘿螨防治。

四、咖啡小爪螨

1. **发生为害** 咖啡小爪螨又名茶小爪螨,俗称茶红蜘蛛,分布各茶区。以成螨和幼、若螨吸食为害叶片,被害叶局部变红,后呈暗红色斑,失去光泽,受害后期叶质硬化脱落(图5-17)。

2. **识别特征** 成螨紫红色,椭圆形,体长0.4～0.5毫米。体背有4列纵行细毛,足4对。若螨比成螨小,暗红色。幼螨初孵时鲜红色,后变暗红色,体近圆形,足3对。

3. **生活习性** 全年发生15代左右,世代重叠现象严重,虫态混杂。成螨和幼、若螨均擅爬行转移,多栖息叶面为害。卵散产

图5-17 咖啡小爪螨(左)及为害状(右)

于叶正面且以主、侧脉及凹陷处为多。一般春后雨量充沛，气温渐增，虫口下降，到了炎热的夏天，仅少量虫口留在茶丛中下部荫蔽处，秋季气温下降，气候较干燥，虫口数量逐渐回升，秋末至早春是该螨的为害盛期。

4. **防治方法**　①结合耕作、施肥管理，埋毁落叶以减少螨源。②虫害发生高峰期前选用杀卵效果好的农药进行防治，可参考茶橙瘿螨防治措施。非采摘茶园和采摘茶园茶季结束后，可喷施0.5波美度石硫合剂，务必注意喷透叶背。

五、茶小绿叶蝉

1. **发生为害**　原多称假眼小绿叶蝉，后经鉴定为小贯小绿叶蝉，又俗称茶蜢、蜢子，分布各茶区。该虫主要以成虫、若虫刺吸茶树叶片、嫩梢汁液为害，使芽叶卷曲、萎缩、硬化，叶尖、叶缘红褐焦枯或嫩叶枯落，嫩梢短小、畸形（图5-18）。雌成虫产卵于嫩梢茎内，致使茶树生长受阻。

2. **识别特征**　成虫体长3～4毫米，全身黄绿至绿色，头顶中央有一白纹，两侧各有1个不明显黑点，复眼内侧和头部后缘亦有白纹，与前一白纹边呈"山"形。前翅绿色半透明，后翅无色透明。雌成虫腹面草绿色，产卵管伸出于尾节；雄成虫腹面黄绿色，尾节有2片板。若虫除翅尚未形成外，体形、体色与成虫相似。

3. **生活习性**　全年发生8代以上。卵主要单粒散产于新梢第二、三叶的嫩茎内，也有产在叶柄或主脉内的。有陆续孕卵和分批产卵习性，世代重叠和虫态混杂严重。成虫多栖息于茶丛叶层，若虫怕阳光直射，常栖息于嫩叶背面，对黄色有较强趋性。雨天和晨露时不活动。时晴时雨、留养或杂草丛生的茶园有利于此虫的发生。

4. **防治方法**　①加强茶园管理，清除园间杂草，及时分批多次采摘茶叶。②在成虫高峰期利用黄色诱虫板诱杀。③采摘季节根据虫情预报在若虫发生高峰前选用生物农药苦参碱1 000倍液，或3％除虫菊素水剂800 ～ 1 000倍液，或15％唑虫酰胺悬浮剂1 000倍液，或2.5％联苯菊酯乳油1 000倍液进行防治，务必喷透茶丛。

图 5-18　茶小绿叶蝉及为害状

六、茶蚜

1.发生为害　茶蚜又名茶二叉蚜，俗称"龟蝇""枯蝇"，普遍分布各茶区。成虫和若虫群集在嫩梢枝叶上吸取汁液，致使茶芽萎缩畸形，停止生长；同时，分泌蜜露污染嫩梢，诱发茶煤病（图5-19）。

2.识别特征　有翅型雌成虫体黑褐色，体长约1.6毫米，翅透明，前翅中脉有一分支。无翅胎生雌蚜卵圆形，暗褐色，体长约2毫米。若虫外形与成虫相似，淡黄色至淡棕色，体长0.2 ～ 0.5毫米，触角一龄4节、二龄5节、三龄6节。

3.生活习性　全年发生10多代，重叠发生，春秋季发生最盛，群集嫩梢叶背。多行孤雌生殖，一般为无翅蚜，当虫口密度大或环境条件不宜时，产生有翅蚜飞迁到其他嫩梢为害。秋末会出现两性蚜，交尾后雌蚜产卵于叶背。

4.防治方法　①及时、分批多次采摘茶叶，带走嫩叶蚜虫。②注意保护瓢虫、寄生蜂、草蛉及食蚜蝇等茶蚜天敌。③可喷施0.5%藜芦碱可湿性粉剂1 000倍液，或240克/升虫螨腈2 000倍液，或2.5%联苯菊酯1 000倍液进行防治。

图5-19　茶蚜及为害状

七、黑刺粉虱

1.发生为害　黑刺粉虱又名橘刺粉虱、刺粉虱，普遍分布各茶区。幼虫聚集叶背吸食汁液，并排泄蜜露诱发茶煤病。被害枝叶发黑，严重时大量落叶，致使树势衰弱，影响茶叶产量（图5-20）。

2.识别特征　雌成虫体橙黄色，体长1.0～1.3毫米，体表覆有粉状蜡质物，复眼红色，前翅紫褐色，周缘有7个白斑，后翅淡紫色，无斑纹。雄虫较雌虫略小。初孵幼虫长椭圆形，体长约0.25毫米，具足，体黄绿色，后渐变成黑色，周缘出现白色细蜡圈，背面出现2条白色蜡线，后期背侧面长出刺突。1龄至3龄幼虫背侧分别具6对、10对和14对刺。幼虫老熟时体长0.7毫米。

3.生活习性　全年约有5代，主要以老熟幼虫在叶背越冬，世代虫态不整齐。成虫有一定的飞翔能力，对黄色具有强烈趋性，晴天活动较为活跃，多停栖在新梢叶背，卵主要产在成叶背面，初孵若虫能短距离爬行并在叶背面固定吸汁为害，分泌蜡质，同时分泌排泄物诱发茶煤病。

4. 防治方法 ①加强茶树修剪和茶园除草等，改善茶园通风透光条件，抑制虫害发生。②保护寄生蜂等天敌。③成虫发生高峰期利用黄色诱虫板诱杀。④生产季节根据虫情预报于卵孵化盛期喷10%吡虫啉可湿性粉剂2 000～3 000倍液，或70%吡虫啉水分散粒剂10 000～15 000倍液，或99%矿物油150～200倍液，或2.5%联苯菊酯乳油800～1 000倍液防治。秋冬季采用石硫合剂封园。

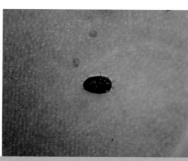

图5-20 黑刺粉虱

八、茶梨蚧

1. 发生为害 茶梨蚧在各茶区分布普遍。以若虫和雌成虫吸食枝叶汁液，叶片被害处失绿变黄渐枯死，严重时芽梢干枯，树势衰弱（图5-21）。

2. 识别特征 雌成虫黄色，雌介壳黄褐色长梨形，长约3毫米，有2个壳点，位于介壳前端。雄成虫褐色，雄介壳白色蜡质状，长约1.1毫米，背面有3条纵脊。初孵化若虫橙黄色，体长0.2～0.3毫米，背线两侧色深，呈褐色至黑褐色，有胸足3对，尾部有1对毛，2龄后，足、触角消失。

3. 生活习性 雄若虫多数在叶面沿主侧脉排列，雌虫多数散

布在主脉两侧及枝梢上。雌成
虫在介壳下越冬、产卵，每头
雌虫产卵数十粒。初孵若虫爬
行数小时后即固定在取食处终
生不移动，并分泌蜡质渐成新
介壳。

图 5-21　茶梨蚧

4.防治方法　参照黑刺粉
虱防治措施。

九、茶黄蓟马

1.发生为害　茶黄蓟马又名茶叶蓟马，分布各茶区。成虫、
若虫锉吸嫩梢芽叶汁液。被害叶在背面主脉两侧对称地呈现数条
红或褐色的纵纹，严重时叶背一片褐纹，叶面失去光泽，略凸起，
后期芽梢逐渐萎缩，叶片向内纵卷，叶质变僵脆（图5-22）。

2.识别特征　成虫单眼鲜红色，"品"字形排列，体深黄色，
雌虫体长0.9毫米。四翅细长，半透明带灰色，周围有细长毛。幼
虫杏黄色。

3.生活习性　世代重叠，常在旱季盛发。成虫具黄或黄绿
色趋色性，多在叶背活动。卵产在叶背主脉两侧的侧脉或叶肉
中，单粒散产。若虫孵化后伏
于嫩叶背面锉吸汁液。该虫趋
嫩性强，多在芽及芽下1～3
叶吸食。

4.防治方法　①及时、分
批勤采，可采除部分卵和若虫。
②利用黄板诱杀。③农药防治
可结合茶小绿叶蝉兼治或参考
茶小绿叶蝉防治。

图 5-22　茶黄蓟马

十、茶小卷叶蛾

1. 发生为害 茶小卷叶蛾又名棉褐带卷叶蛾、茶小黄卷叶蛾，俗称"包叶虫""卷心虫"。普遍分布。幼虫卷结嫩梢新叶或嫩芽成苞，潜伏其中取食，常留下一层表皮与叶脉，形成枯褐色膜状斑，严重为害时茶蓬一片枯焦（图5-23）。

2. 识别特征 雄成虫体及前翅淡黄褐色，体长约6毫米，前翅略呈菜刀形，翅面基部、中部及翅尖有3条淡褐色斜带纹，中间一条在近中央处分叉呈h形纹，近翅尖的一条斑纹呈V形，后翅淡灰黄色。雌成虫体长约7毫米，前翅基斑常不明显，中斑无分叉。幼虫共5龄，体绿色，头黄褐色，前胸淡黄褐色。

3. 生活习性 世代重叠发生。初孵幼虫常借垂丝顺风转移，向上爬至新梢并潜入芽内或初展嫩叶尖部，吐丝缀苞隐身取食。随着虫龄增大，常将二、三叶片以及整个芽梢缀结成苞，一苞食完转移他处结新苞为害。3龄前主要为害芽和第一叶，3龄后老嫩叶片均受害。3龄后的幼虫受惊会迅速后退，吐丝下垂离开叶苞或弹跳。老熟幼虫在苞内结茧化蛹，蛹期7天左右。成虫夜晚活动，有趋光性和趋化性。卵多百粒聚呈鱼鳞状卵块产于中下部叶片背面，历期5～10天。

图 5-23　茶小卷叶蛾及为害状

4. 防治方法 ①分批多次采摘,随手摘除受害芽梢、虫苞。②利用灯光、糖醋液、酒糟、性外激素诱杀成虫。③掌握幼虫期,喷施白僵菌7.5～15千克/公顷,或茶小卷叶蛾颗粒体病毒（AoGV）187.5～375毫克/公顷或Bt制剂400倍液,或苦参碱600～1 000倍液等防治,注意务必喷湿虫苞。

十一、茶卷叶蛾

1. 发生为害 茶卷叶蛾又名茶淡黄卷叶蛾、咖啡卷叶蛾、褐带长卷蛾、后黄卷叶蛾,普遍分布。幼虫为害状似茶小卷叶蛾,但其食叶量更大,严重时茶蓬面如火烧,严重损伤树势（图5-24）。

2. 识别特征 成虫前翅近浆形,翅尖深褐色且向外突出。雌虫体长约10毫米,前翅淡黄褐色,且散布不规则波状深褐色细横纹,中央常有一斜行深褐色带状横纹,后翅淡黄色,外缘深黄色。雄虫体长约8毫米,前翅灰白色有光泽,基部深褐色,中央斜向外方的深褐色斑状横纹鲜明,后翅淡灰褐色,前方淡黄色。老熟幼虫体长18～22毫米,淡绿色,头深褐色,前胸背面褐色,后缘深褐色。

3. 生活习性 该虫世代重叠发生。初孵幼虫活泼,爬行或吐丝下垂分散,多在嫩芽或嫩叶尖结苞于内取食,食完转移结新苞

图 5-24　茶卷叶蛾及为害状

为害，新苞缀叶数渐多，3龄后卷叶数多达4～10叶，甚至邻近芽梢。3龄后的幼虫受惊会迅速退弹跳逃，老熟幼虫在苞内结一白色薄茧化蛹于其中，蛹期6～10天。成虫夜晚活动，有趋光性和趋化性。

4. 防治方法　与茶小卷叶蛾防治基本相同，二者常混合发生，统一防治。

十二、茶细蛾

1. 发生为害　茶细蛾又名三角苞卷叶蛾，分布各茶区。幼虫危害芽梢嫩叶，从潜叶、卷边至卷三角苞后居中食叶（图5-25）。

2. 识别特征　成虫深褐色，带有紫色光泽，体长4～6毫米，颜面披金黄色毛，触角褐色丝状，长6.0～7.5毫米。前翅褐色，前缘中部有一较大的金黄色三角形斑块。后翅暗褐色，缘毛长。幼虫体长8～10毫米，乳白色、半透明，可透见体内紫色内脏物。

3. 生活习性　该虫世代重叠发生。幼虫共5龄，趋嫩性强，1～2龄在叶背下表皮潜叶取食叶肉，3龄和4龄前期将叶缘向叶背卷折，在卷边内取食叶肉，4～5龄幼虫将叶尖沿叶背卷成三角形虫苞，在苞内取食，可转移再行卷苞为害，老熟幼虫爬至下方成叶或老叶背面结茧化蛹，以主脉两侧为多。成虫夜间活动，有

图5-25　茶细蛾及为害状

趋光性，成虫寿命4～6天，停息时，前中足与体翅呈"入"字或"人"字形。

4.防治方法 ①分批多次勤采，减少产卵场所和食料，并摘除卵、虫。②秋季封园后轻修剪，减少虫口基数。③灯光诱杀成虫。④在幼虫潜叶、卷边期，进行茶蓬面喷药防治，施药种类可参照茶小卷叶蛾防治措施。

十三、茶丽纹象甲

1.发生为害 茶丽纹象甲，又名茶小黑象甲、小黑象鼻虫、茶叶小象甲、茶小绿象甲，俗称"乌鲎仔""茶鲎"，分布各茶区。主要为害夏茶，幼虫在土中食须根，主要以成虫咬食叶片，致使叶片边缘呈波状缺刻，严重时全园残叶秃脉（图5-26）。

图5-26 茶丽纹象甲

2.识别特征 成虫体长7毫米左右，灰黑色，体背上覆黄白或黄绿色鳞片集成的纵纹，2纹从头至前胸，1纹沿鞘缝常直达鞘端或前胸中央，鞘缝纹两侧各2～3纹，常对称地间断或相连。

3.生活习性 1年发生1代，幼虫在茶根际土壤越冬，翌年3月中旬幼虫老熟后陆续筑土室化蛹、羽化、出土，成虫羽化后，在土壤潜伏2～3天后出土活动取食。晴天白天很少取食，黄昏后取食量最大，阴天则全天候取食，5—6月为成虫为害盛期。成虫善爬行，飞翔力弱，有假死性，稍遇惊即缩足落地。

4.防治方法 ①耕翻松土，可杀除土壤中幼虫和蛹。②利用成虫假死性，可在地面铺塑料薄膜振动树冠惊落成虫集中消灭。③于成虫出土前亩撒施白僵菌871菌粉1～2千克防治。④在成虫出土高峰前喷施2.5%联苯菊酯乳油800倍液，或98%杀螟丹800倍液，或1.2%苦参碱500倍液进行防治，注意喷药应喷透茶丛和地面。

十四、茶芽粗腿象甲

1.**发生为害**　茶芽粗腿象甲又名茶四斑小象甲，各茶区均有分布。成虫蚕食嫩叶，叶面现多孔洞，连成枯斑（图5-27）。

2.**识别特征**　成虫体长约3.5毫米，头喙长约1.0毫米，头及前胸背棕黄至棕红色，其余部位皆淡黄色。触角球杆状，生于喙端1/3处，胸部腹面黄褐。鞘翅棕黄，中央及前缘近基部1/3处有黑斑相连，近翅端有一黑斑。足棕黄色，多白毛，腿节膨大，内侧有一个较大齿

图5-27　茶芽粗腿象甲

突。成熟幼虫体长4.0～4.5毫米，头棕黄，体乳白，肥而多皱，多细毛，无足，尾部背侧有一对小角突。

3.**生活习性**　1年发生1代，以幼虫在茶丛根际土壤中越冬。成虫趋嫩性强，均在春梢嫩叶背面活动栖息，主要取食芽下1～3叶，自叶尖、叶缘开始咬食下表皮及叶肉，残留上表皮，呈现多个半透明小圆斑，多个取食孔即连成不规则的黄褐色枯斑，叶片反卷，受害边缘呈焦状枯黄，易掉落，叶上留有黑毛粪粒。成虫爬行敏捷，不擅飞翔，夜晚活动取食，日间隐匿于茶丛叶层内。成虫具假死性，受惊即缩足坠地佯死。

4.**防治方法**　参照茶丽纹象甲的防治措施。

十五、茶角胸叶甲

1. **发生为害** 茶角胸叶甲又称黑足角胸叶甲，分布闽北茶区。幼虫取食茶树根系，成虫咬食茶树嫩梢芽叶或成叶，形成不规则缺刻或孔洞（图5-28）。

图5-28 茶角胸叶甲

2. **识别特征** 雌成虫体长约3.5毫米，雄体略小，体翅棕黄色至深褐色。头部刻点小且稀，复眼椭圆形，黑褐色。触角丝状多细毛，11节，第一节膨大，第二节短粗，其余各节基部略细，端部略粗，基部4节黄褐色，端部各节黑褐色。前胸背板宽于长，刻点较大且密，排列不规则，两侧缘中后部呈角突，后缘具一隆脊线。小盾片近梯形，光滑无刻点。鞘翅背面具10～11行小刻点，每行24～38个，排列整齐。后翅浅褐色膜质。各足腿节、胫节端部及跗节黑褐色，其余黄褐色。末龄幼虫体长4.4～5.2毫米，C形，头部黄褐色，上颚黑褐色，体白微带黄色，3对胸足。

3. **生活习性** 1年发生1代，以幼虫在根标土壤中越冬，翌年3月下旬幼虫老熟，4月上旬化蛹，5月上旬成虫羽化。羽化后在土中潜伏2～3天后出土，畏强光，以黄昏夜晚或阴天活动取食为盛，露水未干时很少活动。主要取食新梢嫩叶，自叶背咬成直径约2毫米的圆孔，5月中旬至6月中旬为成虫为害盛期。成虫具假死性，飞翔力较强，遇惊后即从叶片上坠落飞逃，无趋光性。

4. **防治方法** ①耕翻土壤杀灭幼虫和蛹。②结合耕翻，用白僵菌、苏云金杆菌处理土壤，或喷洒20%氰戊菊酯乳油或2.5%溴氰菊酯乳油3 000倍液或50%辛硫磷乳油1 500倍液毒杀土壤中幼虫和蛹。③保护步甲等捕食性天敌。④成虫出土后及时喷洒上述农药或0.5%藜芦碱粉剂等植物源农药，注意要喷湿茶丛、地面落叶及周围杂草，隔10天再喷施1次。

十六、茶毛虫

1.发生为害 茶毛虫又名茶黄毒蛾，俗称"茶辣""吊丝虫""刺毛辣"，分布各茶区。虫体毛丝有毒，皮肤触及痛痒红肿。幼虫咬食叶片，严重时将茶树叶片全部咬食，仅剩秃枝，茶叶绝收（图5-29）。

图5-29　茶毛虫

2.识别特征 成虫体长7～13毫米，雌蛾翅淡黄褐色，雄蛾翅黑褐色，前翅中央均有2条淡色带纹，翅尖有2个黑点。幼虫黄褐色，背部侧面有8对黄色或黑色绒球状毛瘤，上着生黄色毒毛。

3.生活习性 以卵块越冬，1年发生2～4代，为害盛期常在5—8月。群集性强，孵化后先食掉卵壳，后聚集在原叶或附近老叶背面咬食下表皮与叶肉，残留上表皮呈半透明黄绿色膜状斑，久之枯竭灰白。幼虫一般有6龄，2龄开始在叶缘蚕食呈缺刻，3龄取食整片叶，4龄开始分群暴食，5龄后食量剧增，整枝整丛叶片啃食无存。受惊吐丝坠落，老熟幼虫爬至根际落叶下或表土中结茧化蛹，成虫有趋光性。

4.防治方法 ①人工摘除茶毛虫卵块，保护利用卵寄生蜂。②化蛹盛期结合中耕锄草，清除枯枝落叶，耕杀虫蛹。③在成虫期利用黑光灯、性诱剂诱杀。④每亩用茶毛虫病毒虫尸100～200头加水50千克喷雾或与敌敌畏2 000～3 000倍液混用，或用1.2%苦参碱500倍液防治。⑤于幼虫3龄期前喷50%敌敌畏乳油1 000倍液或50%辛硫磷1 000倍液防治，注意喷透茶丛双侧。

十七、油桐尺蠖

1. **发生为害**　油桐尺蠖又名大尺蠖、桐尺蠖，俗称"拿虫""曲曲虫""步曲虫"和"假枝虫"，分布福建省各茶区。幼虫咬食叶片，严重时常将叶片、嫩茎全部咬食（图5-30）。

2. **识别特征**　成虫体长24～25毫米，体翅灰白色，密布黑色小点。前翅近三角形，基线、中横线和亚外缘线为黄褐色波纹，雌蛾触角短栉齿状，雄蛾双栉齿状。幼虫腹足两对，老熟幼虫体长60～70毫米，有深褐、灰绿、青绿色，头顶中央凹陷，头部密布棕色颗粒状小点，前胸及第八腹节背面有两个小突起，第五腹节气孔前上方有一个肉瘤状突起。

3. **生活习性**　福建省1年发生3代，以蛹在根际表土中越冬，成虫盛期常在4月、7月和9月，幼虫盛期常在5—6月、7—8月、9—10月。初孵幼虫活跃，能吐丝下垂，借风力分散传播。幼虫怕阳光，多在傍晚或清晨取食，受惊即落地假死或作短距飘行。1～2龄幼虫喜食嫩叶表皮及叶肉，致叶面呈现黄褐色网膜状斑，3龄开始食呈缺刻，4龄后暴食，食呈残脉甚至食尽全叶。老熟幼虫在根

图5-30　油桐尺蠖

际表土中3～4厘米深处做土室化蛹。成虫有趋光性，羽化当天有假死性，卵成堆产于茶丛枝桠间或茶园周边树木的皮层缝隙中，并盖以黄色绒毛。

4. 防治方法 ①蛹期结合耕作培土杀蛹。②在成虫期利用黑光灯诱杀。③刮除卵块。④在1～2龄幼虫期，喷施油桐尺蠖核型多角体病毒或Bt制剂。⑤于幼虫3龄前期喷50%辛硫磷乳油1 000倍液，或2.5%联苯菊酯乳油1 000倍液，或98%杀螟丹1 500倍液，或1.2%苦参碱500～1 000倍液进行防治。

十八、茶尺蠖

1. 发生为害 茶尺蠖分布各茶区。以幼虫取食嫩叶为害茶树，秋季为害最重，严重发生时，将茶树新梢、叶片全部啃食（图5-31）。

2. 识别特征 成虫体长9～12毫米，体翅灰白色，前翅内横线、外横线、外缘线和亚外缘线黑褐色，弯曲呈波纹状，外缘有7个小黑点，后翅外缘有5个小黑点。幼虫有5个龄期，1龄体黑色，每节有环列白色小点和纵行白线。2龄体褐色，上白点、白线不明显，第一腹节背有2个不明显黑点，第二腹背有2个褐斑。3龄体茶褐色，第二腹背有1个"八"字形黑纹，第八腹背有1个倒

图 5-31 茶尺蠖

"八"字形黑纹。4、5龄体黑褐色，2～4节腹节出现菱形斑纹。

3.**生活习性** 一般1年发生5～6代，以蛹在茶丛根际越冬。翌年3月成虫羽化，成虫有趋光性，卵堆产于茶树枝桠间、茎基部裂缝、枯枝落叶间或附近树干上，并覆以白丝。初龄幼虫活泼，趋光趋嫩，在茶蓬芽梢上取食。1～2龄幼虫多在叶面，食叶肉，残留表皮，呈现褐色凹点，2龄幼虫穿孔或在叶缘食呈花边状缺刻，3龄后分散，怕光，常躲于茶丛荫蔽处，具吐丝下垂习性，4龄后开始暴食，虫口密度大时可将嫩叶、老叶甚至嫩茎全部食尽。10月老熟幼虫入土1～3厘米深造一土室化蛹。

4.**防治方法** 参照油桐尺蠖防治措施。

十九. 茶银尺蠖

1.**发生为害** 茶银尺蠖，又名青尺蠖、小白尺蠖，分布各茶区。以幼虫取食叶片危害茶树（图5-32）。

2.**识别特征** 成虫体长约12毫米，翅展31～36毫米。体翅白色，前后翅上分别有4条和3条黄褐色波状纹，近前缘中央有一个棕褐色斑点，前翅翅尖有2个小黑点。雌虫触角丝状，雄虫双栉齿状。幼虫成熟时体长22～27毫米，青绿色，气门线银白色，各体节间具黄白色条纹，体背密布黄绿色和深绿色纵向条纹，腹足和尾足淡紫色。

图 5-32 茶银尺蠖

3.生活习性 1年发生6代左右，各代幼虫发生期不整齐，世代重叠。成虫趋光性强，卵散产，多产于茶树枝梢叶腋和腋芽处，每处1粒至数粒。幼虫共5龄，幼虫老熟后在茶丛中部叶片或枝叶间吐丝粘结叶片化蛹。

4.防治方法 ①在成虫期利用黑光灯诱杀。②在1～2龄幼虫期，喷施每毫升含孢子1亿的杀螟杆菌；3龄前幼虫期选用2.5%联苯菊酯、50%辛硫磷、50%杀螟硫磷、90%杀螟丹1 000～1 500倍液防治。

二十、斜纹夜蛾

1.发生为害 斜纹夜蛾，分布各茶区，在局部茶园间歇性为害，幼虫咀嚼茶树芽叶，咬折嫩梢（图5-33）。

2.识别特征 斜纹夜蛾成虫前翅灰褐色，具多斑纹，有1条灰白色宽阔斜纹；后翅白色，外缘暗褐色。卵半球形，黄白色至紫黑色。卵常数十至上百粒集成卵块，外覆黄白色绒毛。老熟幼虫体长38～51毫米，色泽变化较多，黄绿色至黑褐色均有，体表散生小白点。蛹长卵形，红褐色至黑褐色。

3.生活习性 福建省1年发生7～9代，世代重叠明显。幼虫共6龄，幼虫孵化后即能吐丝随风飘散转移，多数集中于着卵叶

图5-33 斜纹夜蛾

面，2～3龄逐渐分散，取食茶树幼嫩叶肉，残留上表皮及叶脉，呈不规则黄色斑块。4龄后暴食，取食茶树嫩叶嫩茎，常把嫩梢咬折。幼虫畏光，常潜伏茶丛内，3龄后假死性明显。老熟幼虫在1～3厘米深表土内做土室化蛹。成虫夜晚活动，擅飞，趋光性和趋化性强，卵多产于茶丛中部叶背，呈块状，覆以黄色绒毛。

4. 防治方法 ①结合冬耕施肥，深翻灭蛹。②成虫发生盛期用黑光灯、糖醋液诱杀。③产卵盛期至始孵期及时摘除卵块和虫叶。④3龄前幼虫期喷施苏云金杆菌、植物源农药、化学农药，可参考其他鳞翅目害虫防治措施。

二十一、茶蓑蛾

1. 发生为害 茶蓑蛾又名茶袋蛾，幼虫又名茶避债虫，俗称"背袋虫""驮袋虫"，茶区分布普遍。幼虫主要咬食叶片呈缺刻和孔洞，严重时芽梢、嫩梗全部啃食，仅剩秃枝（图5-34）。

2. 识别特征 茶蓑蛾雄虫深褐色，体长约13毫米，翅展20～30毫米；雌成虫蛆状，体长12～16毫米，头小，胸、腹部黄白色，腹部肥大。卵椭圆

图 5-34 茶蓑蛾

形，乳黄白色。幼虫一般为6龄，头黄褐色，胸、腹部肉黄色，背部色泽较深，胸部背面有褐色纵纹2条，每节纵纹两侧各有褐色斑1个；腹部各节有黑色小突起4个，排成"八"字形。蛹长纺锤形，咖啡色，臀棘末端有2根短刺。蓑囊较短粗，囊外紧密粘结纵向平行长短不一的小茶枝，质地较硬。

3. 生活习性　福建省1年发生2～3代，成虫4月、7月、10月羽化，幼虫为害盛期一般在6月和9月、2—4月。幼虫一般6龄；幼虫孵化后从雌成虫护囊排泄孔爬出，能吐丝下垂顺风飘移到枝叶上，后吐丝即结囊，多在叶面上倒立栖息，状如铆钉。2龄后转至叶背，护囊下垂，1～2龄幼虫常只取食下表皮和叶肉，3龄幼虫咬食叶片呈缺刻和孔洞，1～3龄幼虫护囊以叶屑作粘缀物，4龄后随着食量增大，为害成叶和老叶，咬断短枝梗贴于囊外，平行纵列整齐。随虫龄增长，蓑囊不断增大，幼虫在囊内可自由转身，爬行取食时，头胸部伸出，负囊活动，遇惊缩体进囊。幼虫老熟后丝封囊口化蛹。雄蛾具趋光性，擅飞，羽化后出囊觅偶，雌蛾羽化后仍留在护囊内，交配后在囊内产卵。

4. 防治方法　①随时摘除虫囊。②灯光诱杀雄蛾。③在幼龄虫期挑治"发虫中心"，喷湿茶丛和虫囊。④苏云金杆菌、植物源农药、化学农药的选择可参考茶银尺蠖防治措施。

附录

附录1 茶叶中农药最大残留限量

序号	农药中文名称	农药英文名称	用途	每日允许摄入量（ADI）毫克/千克（以每千克体重可摄入的量计）	最大残留限量毫克/千克
1	胺苯磺隆	ethametsulfuron	除草剂	0.2	0.02
2	巴毒磷	crotoxyphos	杀虫剂	暂无	0.05*
3	百草枯	paraquat	除草剂	0.005	0.2
4	百菌清	chlorothalonil	杀菌剂	0.02	10
5	苯醚甲环唑	difenoconazole	杀菌剂	0.01	10
6	吡虫啉	imidacloprid	杀虫剂	0.06	0.5
7	吡蚜酮	pymetrozine	杀虫剂	0.03	2
8	吡唑醚菌酯	pyraclostrobin	杀菌剂	0.03	10
9	丙溴磷	profenofos	杀虫剂	0.03	0.5
10	丙酯杀螨醇	chloropropylate	杀虫剂	暂无	0.02*
11	草铵膦	glufosinate-ammonium	除草剂	0.01	0.5*
12	草甘膦	glyphosate	除草剂	1	1
13	草枯醚	chlornitrofen	除草剂	暂无	0.01*
14	草芽畏	2，3，6 GTBA	除草剂	暂无	0.01*
15	虫螨腈	chlorfenapyr	杀虫剂	0.03	20
16	除虫脲	diflubenzuron	杀虫剂	0.02	20
17	哒螨灵	pyridaben	杀螨剂	0.01	5

（续）

序号	农药中文名称	农药英文名称	用途	每日允许摄入量（ADI）毫克/千克（以每千克体重可摄入的量计）	最大残留限量毫克/千克
18	敌百虫	trichlorfon	杀虫剂	0.002	2
19	丁硫克百威	carbosulfan	杀虫剂	0.01	0.01
20	丁醚脲	diafenthiuron	杀虫/杀螨剂	0.003	5
21	啶虫脒	acetamiprid	杀虫剂	0.07	10
22	啶氧菌酯	picoxystrobin	杀菌剂	0.09	20
23	毒虫畏	chlorfenvinphos	杀虫剂	0.0005	0.01
24	毒菌酚	hexachlorophene	杀菌剂	0.0003	0.01*
25	毒死蜱	chlorpyrifos	杀虫剂	0.01	2
26	多菌灵	carbendazim	杀菌剂	0.03	5
27	二溴磷	naled	杀虫剂	0.002	0.01*
28	呋虫胺	dinotefuran	杀虫剂	0.2	20
29	氟虫脲	flufenoxuron	杀虫剂	0.04	20
30	氟除草醚	fluoronitrofen	除草剂	暂无	0.01*
31	氟氯氰菊酯和高效氟氯氰菊酯	cyflunthrin and beta-cyflunthrin	杀虫剂	0.04	1
32	氟氰戊菊酯	flucythrinate	杀虫剂	0.02	20
33	格螨酯	2,4-dichlorophenyl benzenesulfonate	杀螨剂	暂无	0.01*
34	庚烯磷	heptenophos	杀螨剂	0.003**	0.01*
35	环螨酯	cycloprate	杀螨剂	暂无	0.01*
36	甲氨基阿维菌素苯甲酸盐	emamectin benzoate	杀虫剂	0.0005	0.5

（续）

序号	农药中文名称	农药英文名称	用途	每日允许摄入量（ADI）毫克/千克（以每千克体重可摄入的量计）	最大残留限量毫克/千克
37	甲胺磷	methamidophos	杀虫剂	0.004	0.05
38	甲拌磷	phorate	杀虫剂	0.0007	0.01
39	甲磺隆	metsulfuron-methyl	除草剂	0.25	0.02
40	甲基对硫磷	parathion-methyl	杀虫剂	0.003	0.02
41	甲基硫环磷	phosfolan-methyl	杀虫剂	暂无	0.03*
42	甲基异柳磷	isofenphos-methyl	杀虫剂	0.003	0.01*
43	甲萘威	carbaryl	杀虫剂	0.008	5
44	甲氰菊酯	fenpropathrin	杀虫剂	0.03	5
45	甲氧滴滴涕	methoxychlor	杀虫剂	0.005	0.01
46	克百威	carbofuran	杀虫剂	0.001	0.02
47	喹螨醚	fenazaquin	杀螨剂	0.05	15
48	乐果	dimethoate	杀虫剂	0.002	0.05
49	乐杀螨	binapacryl	杀螨剂/杀菌剂	暂无	0.05*
50	联苯菊酯	bifenthrin	杀虫/杀螨剂	0.01	5
51	硫丹	endosulfan	杀虫剂	0.006	10
52	硫环磷	phosfolan	杀虫剂	0.005	0.03
53	氯苯甲醚	chloroneb	杀菌剂	0.013	0.05
54	氯氟氰菊酯，高效氯氟氰菊酯	cyhalothrin and lambda-cyhalothrin	杀虫剂	0.02	15
55	氯磺隆	chlorsulfuron	除草剂	0.2	0.02
56	氯菊酯	permethrin	杀虫剂	0.05	20

（续）

序号	农药中文名称	农药英文名称	用途	每日允许摄入量（ADI）毫克/千克（以每千克体重可摄入的量计）	最大残留限量毫克/千克
57	氯氰菊酯，高效氯氰菊酯	cypermethrin and beta-cypermethrin	杀虫剂	0.02	20
58	氯噻啉	imidaclothiz	杀虫剂	0.025	3*
59	氯酞酸	chlorthal	除草剂	0.01	0.01*
60	氯酞酸甲酯	chlorthal-dimethyl	除草剂	0.01	0.01
61	氯唑磷	isazofos	杀虫剂	0.00005	0.01
62	茅草枯	dalapon	除草剂	0.03	0.01*
63	醚菊酯	etofenprox	杀虫剂	0.03	50
64	灭草环	tridiphane	除草剂	0.003	0.05*
65	灭多威	methomyl	杀虫剂	0.02	0.2
66	灭螨醌	acequincyl	杀螨剂	0.023	0.01
67	灭线磷	ethoprophos	杀线虫剂	0.0004	0.05
68	内吸磷	demethon	杀虫/杀螨剂	0.00004	0.05
69	氰戊菊酯和s-氰戊菊酯	fenvalerate and esfenvalerate	杀虫剂	0.02	0.1
70	噻虫胺	clothianidin	杀虫剂	0.1	10
71	噻虫啉	thiacloprid	杀虫剂	0.01	10
72	噻虫嗪	thiamethoxam	杀虫剂	0.08	10
73	噻螨酮	hexythiazox	杀螨剂	0.03	15
74	噻嗪酮	buprofezin	杀虫剂	0.009	10
75	三氟硝草醚	fluorodifen	除草剂	暂无	0.05*
76	三氯杀螨醇	dicofol	杀螨剂	0.002	0.01

（续）

序号	农药中文名称	农药英文名称	用途	每日允许摄入量（ADI）毫克/千克（以每千克体重可摄入的量计）	最大残留限量毫克/千克
77	杀虫畏	tetrachlorvinphos	杀虫剂	0.0028	0.01
78	杀螟丹	cartap	杀虫剂	0.1	20
79	杀螟硫磷	fenitrothion	杀虫剂	0.006	0.5
80	杀扑磷	methidathion	杀虫剂	0.001	0.05
81	水胺硫磷	isocarbophos	杀虫剂	0.003	0.05
82	速灭磷	mevinphos	杀虫剂\杀螨剂	0.0008	0.05
83	特丁硫磷	terbufos	杀虫剂	0.0006	0.01*
84	特乐酚	dinoterb	除草剂	暂无	0.01*
85	戊硝酚	dinosam	杀虫剂\除草剂	暂无	0.01*
86	西玛津	simazine	除草剂	0.018	0.05
87	烯虫炔酯	kinoprene	杀虫剂	暂无	0.01*
88	烯虫乙酯	hydroprene	杀虫剂	0.1	0.01*
89	烯啶虫胺	nitenpyram	杀虫剂	0.53	1
90	消螨酚	dinex	杀虫剂\杀螨剂	0.002	0.01*
91	辛硫磷	phoxim	杀虫剂	0.004	0.2
92	溴甲烷	methylbromide	熏蒸剂	1	0.02*
93	溴氰菊酯	deltamethrin	杀虫剂	0.01	10
94	氧乐果	omethoate	杀虫剂	0.0003	0.05
95	伊维菌素	ivermectin	杀虫剂	0.001	0.2
96	乙螨唑	etoxazole	杀螨剂	0.05	15

（续）

序号	农药中文名称	农药英文名称	用途	每日允许摄入量（ADI）毫克/千克（以每千克体重可摄入的量计）	最大残留限量毫克/千克
97	乙酰甲胺磷	acephate	杀虫剂	0.03	0.05
98	乙酯杀螨醇	chlorobenzilate	杀螨剂	0.02	0.05
99	抑草蓬	erbon	除草剂	暂无	0.05*
100	印楝素	azadirachtin	杀虫剂	0.1	1
101	茚草酮	indanofan	除草剂	0.0035	0.01*
102	茚虫威	indoxacarb	杀虫剂	0.01	5
103	莠去津	atrazine	除草剂	0.02	0.1
104	唑虫酰胺	tolfenpyrad	杀虫剂	0.006	50
105	滴滴涕	DDT	杀虫剂	0.01	0.2
106	六六六	HCH	杀虫剂	0.005	0.2

注：①参考《食品安全国家标准　食品中农药最大残留限量》（GB 2763—2021）（2021年3月3日发布，2021年9月3日实施）。

②表中"*"表示临时限量；"**"表示临时ADI。

■ 附录2　茶园禁用农药目录

六六六、滴滴涕、毒杀芬、二溴氯丙烷、杀虫脒、二溴乙烷、除草醚、艾氏剂、狄氏剂、汞制剂、砷类、铅类、敌枯双、氟乙酰胺、甘氟、毒鼠强、氟乙酸钠、毒鼠硅、甲胺磷、甲基对硫磷、对硫磷、久效磷、磷胺、苯线磷、地虫硫磷、甲基硫环磷、磷化钙、磷化镁、磷化锌、硫线磷、蝇毒磷、治螟磷、特丁硫磷、氯磺隆、胺苯磺隆、甲磺隆、福美胂、福美甲胂、三氯杀螨醇、林丹、硫丹、溴甲烷、氟虫胺、杀扑磷、百草枯、2,4-滴丁酯（2023年1月29日起禁止使用）、甲拌磷、甲基异柳磷、克百威、水胺硫磷、氧乐果、灭多威、涕灭威、灭线磷、内吸磷、硫环磷、氯唑磷、乙酰甲胺磷、丁硫克百威、乐果、氰戊菊酯、氟虫氰。

注：参考农业农村部农药管理司于2019年11月29日发布的《禁限用药名录》。